ごあんない

大阪
168
42
本宮
311
紀伊田辺
白浜
42

本宮大社前バス停
本宮大社
大鳥居
七越峰
P
P
←至紀伊田辺
湯の峯
わたらせ
311
熊野
田
168
※168号線沿い
高津橋 渡って左折.
集落をこえて直進
板金屋さん 先 100Mを
右へ上ること 400M

熊野の百姓
地球を耕す

麻野吉男

はる書房

本書は2006年夏から11年秋までに発行された、熊野出会いの里通信『くまの』(16号分)をもとに加筆・訂正し、再構成のうえまとめたものです。

まえがき

もう大分前になりますが、『週刊大衆』に「河内の百姓地球を耕す」というエッセイを20回の連載で書いたことがあります。その頃はまだ生まれ故郷の河内で百姓していて、土地柄、気性が荒く、内容もやんちゃ丸出しという感じでしたが、地球を耕すという気概に燃えていました。

日本の農業は高度成長期以降、斜陽産業として、どんどん片隅に追いやられてきました。その上日本の百姓は地球どころか、ほんの猫の額ほどの面積を耕して生きているのですが、そのマイナーな、あるいは辺境の位置から見えてくるものをよりどころとして、地球を耕すという意識を常にもっていました。「地球を耕す」というのは大ボラでも何でもなく私の農の姿勢でしょうか。

それからまもなく私は熊野に移住しました。生まれた土地だけでなく、自分の選んだ土地でやってみたかったからです。そしてそこをもう一つの故郷にするつもりでした。住んでみてやはり熊野が大好きになりました。生まれ故郷の河内への思いは変わりませんが、それに勝るとも劣らぬくらい熊野に愛を感じています。私はいわば「よそ者」ですが、「よそ者」であるが故にネイティヴ以上の愛をもち得ると思っています。

本宮の現在の地に来たのは、外から見れば偶然なのですが、この場所に案内された時、「ここころ探し求めていた場所だ」と直感的に思ったのです。熊野は河内に比べたら、随分上品でおっとりした所で、私もだんだんそれに染められ、穏やかになりました。歳のせいもあるのでしょうが。

熊野は「神の国」とか「甦りの地」と言われるだけあって、私のようなものにもそここに神の気配が感じられます。ここで暮らすうち、毎日お祈りせずにはおれない神様オタクになってしまいました。昔、ドリス・デイの歌に「ティーチャーズ・ペット（先生のお気に入り）」というのがありましたが、私はさしずめ「ゴッズ・ペット」というより、それに憧れているのでしょうか。

河内にいる時は、人間の力で地球を耕そうと意気ばっていましたが、本宮に移ってからは、神の力を借りて、神と一緒に地球を耕そうと思っています。私は霊能者ではなく、神の声がきこえる訳ではありませんが、宇宙の根源とつながらなければ、人類の未来はないということぐらいは、はっきりとわかります。世界が新しい社会へシフトしていく時、農や自然は重要なファクターとなるだろうし、それにも増して神の参加は欠かせないものとなるでしょう。

熊野の百姓地球を耕す◉目次

第1章　熊野出会いの里誕生の頃

第2章　秋天来了

第3章　時には大空を飛んでみよう

第4章　さあどうする日本の農業

第5章　熊野にいらっしゃい

関連地図

紀ノ川
西吉野町
天辻
奈良県
高野山
猿谷ダム
大塔町
大台ケ原
大台ケ原山
大峰山脈
十津川
伯母子山
護摩壇山
尾鷲市
十津川村
龍神村
清川
熊野市
発心門王子
本宮町
新宮川
熊野本宮大社
中辺路町
伏兎野
御浜町
和歌山県
小雲取越
熊野川町
熊野速玉大社
大塔川
熊野川
田辺市
大雲取越
大塔山
法師山
南桧杖
那智山
新宮市
那智の滝
青岸渡寺
熊野那智大社
那智勝浦町
熊野灘
東牟婁郡
佐本
深谷
根倉
西牟婁郡
古座川
すさみ町
串本町

熊野古道とその史跡など

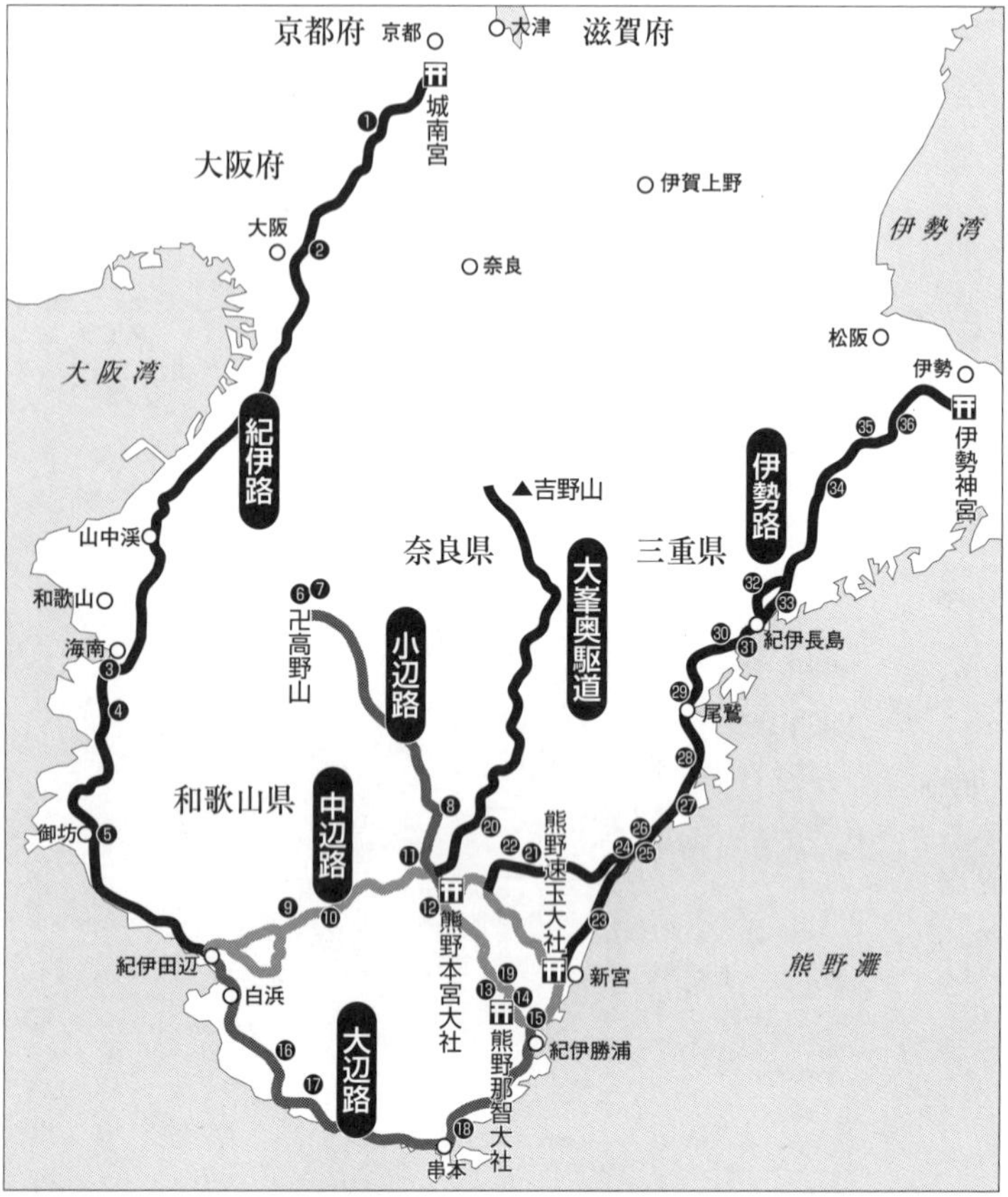

1 水無瀬神宮
2 八軒屋船着場
3 藤白神社
4 湯浅町（醤油発祥地）
5 道成寺
6 丹生都比売神社
7 慈尊院・丹生官省符神社
8 果無峠
9 高原熊野神社
10 牛馬童子像
11 発心門王子
12 大斎原
13 大雲取越え・小雲取越え
14 青岸渡寺
15 補陀洛山寺
16 富田坂
17 長井坂
18 橋杭岩
19 飛雪の滝
20 瀞八丁
21 風伝峠
22 丸山千枚田
23 七里御浜
24 花の窟
25 鬼ケ城
26 波田須・徐福の宮
27 楯ケ崎
28 八鬼山峠
29 馬越峠
30 始神峠
31 紀伊の松島
32 ツヅラト峠
33 荷坂峠
34 三瀬坂峠
35 柳原観音（手引観音）
36 女鬼峠

序　章

がんばれ日本3題

――2011年初秋――

キラッと生きる

ＮＨＫ教育テレビに「キラッと生きる」という番組がある。私の頭が古いのか、これを最初見た時、ちょっとした衝撃で、「ああ、時代は進化した」と思い嬉しくなった。

番組進行の一人が多分脳性マヒ障害者で、少しコトバが分かり難い。しかし敢えて障害者を司会役に選んだ所に既に番組制作者のポリシーが伝わる。テレビに字幕がでるので、発音が少し難でも見ている方に支障はない。慣れてくると字幕を見なくても解るようになる。知らないうちに障害者に近づいたのだ。

前に見た時はかなり重度の人が、あの独特のしぐさで全身を使って何かしゃべって、「一体何と言ってるのでしょうか」と、数人で当てる場面があった。障害をここまであっけらかんと扱われると、差別の入り込む余地がなくなる。この番組に流れるトーンは、障害者は「欠けたる者」ではなく「個性」なのである。個性としての差異なのである。また弱者をいたわるという倫理、道徳といった教育目線でもなく、「お涙頂戴」「お気の毒」といった縦の目線でもない。障害があっても、恋もすれば酒も飲むという横の目線で捉えている。

昨夜は統合失調症（かつては分裂症といわれた）の夫婦が登場した。一昔前なら精神障害をもつ人が患者としてでなく、個性ある生身の人間として、テレビカメラの前に立つなんてことは考えられなかった。それも夫婦でとは何と刺激的だろう。

二人とも、入退院をくり返し、苦闘の連続であったようだが、その絆は強い。夫の方は今でも幻聴と妄想があるそうだが、それを自覚している。病覚がないとか希薄というのがこの病気のやっかいな所なのだが、自覚があるというのは健常者へのパイプが開かれていることでもある。一人でいると、幻聴、妄想の世界へ引っ張られるが、人といるとそこで現実が始まるので、夫の理解者としての妻の存在は大きい。

妻の方は症状としてこれといった自覚はないのだが、うつ気味である。しかし夫の愛を感じているので、それがやはり彼女を現実に引きとめ、病気の中に埋没してしまうことはない。同じ病気を共有していることにより、相手への理解度と思いやりが深まり、互いに相手の差し出す舟にのり、病の大海で溺死することなくともに今日まで歩んできた。

放っておいたら孤絶地獄に閉じこめられかねないこの病の大変さを共有することによって、その共有認識が互いへの通路となり、相手が現実を保証してくれているのである。

統合失調症同士結婚する。それは混乱が2倍になるのではなく、個々の闇が2倍になるのでもない。その逆であるばかりでなく、一人では成し得ない質的飛翔が起こっている。それを可能にしたのは紛れもなく愛の力である。人間バンザイ。

この番組はついこの間まで、その家の恥ずべき存在として奥の暗所に隠してきたものを陽の下に連れ出し、明るい光を当ててみる。するともつれた糸が徐々にほどけ、タブー視していたものの正体が見えてきて、差別される側だけでなく、差別する側の心も開放されてゆく。

前に書いた「日本鬼子」の萌えオタク（296ページ）といい、この「キラッと生きる」といい、日本は確実に変わってきている。二者とも一種のユーモアで、かつてエコノミックアニマルと言われた頃にはそんな片鱗もなかった。しかし日本人はもともとユーモアを解する民族で、50年間の飽食と右肩上がりの終焉を経て、やっと本来の味を取り戻しつつあるかに見える。

日本はもういいかげん戦後を卒業し、経済一辺倒ではなく、こういう感性を大いに育んで、世界に影響を与えられるような文化国家へと脱皮していって欲しいと切に願う。「本当はいいセンスもってんだよ。ガンバレ日本」。

時代の子供

テレビで一度だけ芦田愛菜ちゃんと鈴木福君を見た。二人で仲良く唄ったり踊ったり、クイズに答えたりしていた。そのしぐさや受け答えはとても可愛くて無邪気なのだが、実に気品があり、大

春光の
明と暖とを届けなん
灯り消えたる
津波の町へ

人びて子供のがさつさがない。二人とも小学1年生ときいて、「ウーン」とうなってしまった。

この子たちは子役のスターなのだそうだが、何か宇宙人のような感じなのである。見かけは小学1年生に変身しているが、地球人よりはるかに進化していて、スピリット（霊性）も知能も桁ちがいに高い。画面を見ていて本当にそんな気がするのである。

私達が子供の時と明らかにちがう子供が誕生している。例えば美空ひばりのデビュー当時、「天才少女現る」と世間でえらく騒がれたが、「こまっしゃくれた子やな」と言って顔をしかめる大人も多かった。

それはまさにその時代を反映している。美空ひばりがデビュー曲「悲しき口笛」を唄った頃は、まだ戦後の混乱期で、人々はなりふりかまわず、生きるために食わねばならない時代だった。こまっしゃくれてようが小生意気であろうが、それが焼跡で生きていくための時代の貌《かお》であったのだ。

ここにもう一人、鶴見俊輔という人がいる。

直接教えを受けたことはないが、私の哲学の師である。この人の小学生の時の写真があるが、これが全く庶民の顔つきでない。父裕輔氏は一高の首席、作家で国会議員、母方の祖父は東京市長の後藤新平というまさに典型的な名門のおぼっちゃまである。本人は不良を名のっているが気品があり、ちょっと近寄り難い雰囲気がある。

愛菜ちゃんと福君はスターであるがひばりさんみたいでないし、気品があるが鶴見さんみたいでない。もっと自然体なのだ。ひばりさんよりも鶴見さんよりもバランスがよく、庶民の気安さと貴族の気品が自然に同居している。

私やひばりさんが育った時代の環境からは生まれ得ない資質をもっている。最初は驚いたが、冷静になってみると二人が現代の小学1年生として、けっして特殊な存在ではないことに気づく。二人は2011年の日本という土壌に咲いた花である。周りを見渡してみると、そこここから芳香が漂ってくるでしょう。すてたもんじゃないよ。ガンバレ日本。

なでしこジャパン

日本で大震災があった。なでしこジャパンが女子ワールドカップで優勝した。これは二つの事実の並列に見えるが果してそうであろうか。大震災があったから優勝したはいくら何でも言い過ぎだが、大震災がなかったら、ひょっとして優勝してなかったかもしれない。

五つのゴールを決め最優秀選手に選ばれた沢穂希《ほまれ》選手は全世界に向けて英語で次のようなコメントをしている。

「私たちは単にサッカーの試合をしているのではないことを自覚していました。私たちが試合に勝つことによって、私たちの国で起きた大震災で何かを失った人、誰かを失った人、心傷ついた人、損失を被った人に、たとえひとときでも気分よくなってもらえるとしたら、それは私たちが最高で特別なことを成し遂げたことになります。

日本は国難に立ち向い、多くの人々の生活が困窮しています。私たちはそれ自体変えることはできない。でも日本は今復興に向けて頑張っているのだから、そんな日本の代表として、復興をけっしてあきらめない気持で、プレイを見せたかった」

他の選手も多分皆同じ気持だっただろう。私はサッカーにそれほど関心がある訳ではないが、準々決勝で開催国のドイツに勝ったのを知って、これは本物かも知れないぞと思った。本物というのは実力ばかりでなく、目に見えない力まで味方につけたという意味である。世界もまたドイツに勝った時点から日本を注目するようになったのではなかろうか。次のスウェーデン戦に勝った時には、「ああ、やっぱり本物だ」と思った。

いつの間にか彼女達は御神輿の上に乗っている。「ワッショイ、ワッショイ」、声はだんだん大きくなってくる。日本人だけでなく、世界中が御神輿をかつぎ出した。

そしてアメリカ戦。世界を感動させたこのドラマだって、作って作れる筋ではない。誰が見ても実力は明らかにアメリカが上。体格差だってお話にならない。しかし神の風はなでしこに向って吹いている。二度のビハインドを追いつき、ついに引き分け。ＰＫ戦を３―１で制し、奇跡の優勝。

この勝因は何か。色んな要素があるだろうし、それが相互に作用しているだろう。

一、チーム一丸となった団結力
一、全体としての調和
一、どんな情況になっても、けっしてあきらめない粘り強さ

一、和気あいあいで、絶えない笑い
一、プレーに対する並外れた集中力
一、伸び伸びとして自然体
一、豊富な運動量
一、勝っても驕《おご》らぬ謙虚さと、勝利を信じ切る自信
一、以上のような選手を育て導いた監督の手腕
一、沢選手がコメントしていたように、大震災にみまわれた国の代表として、被災者をはじめ日本人全体に優勝して励ましのエールを届けたいという強い願望。被災によって、一つになった日本の応援力ばかりでなく、世界を味方につけたこと
一、なでしこジャパンという、これ以上ないという素晴しい名前

「なでしこ」という名称が、福を呼び込んだ。古き良きものへの回帰という訳ではないが、「なでしこジャパン」という名前が公募によってつけられた時、長い間忘れられていた自分たち日本人の美徳をこの「なでしこ」に無意識に託したのだ。

そしてあたかも国が危急存亡の刻《とき》に、この「なでしこ」を背負って、ワールドカップに臨むことになった。

実際ゲームが始ってみると「なでしこ」は次々と強敵を倒し、世界の関心を盛り上げながらついに金メダルに行き着いた。小さな身体、見事な団結力、脅威的な粘り、ひかえ目なコメント、まさに現代版の「大和なでしこ」をサッカーを通して表現したのだ。

なでしこジャパンが世界に与えた好印象は物やお金を超えた立派な日本の財産である。また震災で苦闘する同胞に与えた励ましと勇気は、打ちひしがれた敗戦後の日本に自信と希望をもたらしたノーベル賞の湯川秀樹、水泳の古橋広之進、ボクシングの白井義男の快挙に優るとも劣らないだけの価値あるものだろう。

ありがとう、なでしこジャパン。

自信をもって、ガンバレ日本。

第1章

熊野出会いの里誕生の頃

2006年夏

熊野出会いの里誕生の頃

私が本宮《ほんぐう》に引っ越したのは2000年の7月初め。今は亡き鈴木末広君の熱心な誘いに応えてのことでした。末広君と出会ったのはその1年前、第一回熊野出会いの会を企画し、その呼びかけで東《ひがし》牟妻《むろ》、西牟妻《にしむろ》を回った時のことです。

本宮には以前から知り合いの松井利延君が居て、「本宮で一番確かな人物に会わせて欲しい」と言うと、彼は末広君に会わせてくれたのです。

顔合わせのその日は大雪で、中辺路《なかへじ》から本宮方面へ向かう車が次々にUターンしていく中、何が何でもという気持ちで本宮に辿り着いたのです。雪のせいで予定の会合が中止になった泉町長も同席してくれ、大いに夢を語り合いました。

講師陣の充実、参加費用の安さなども手伝ってその年の出会いの会は大成功でした。翌年も又やろうということになり、再び本宮を訪れ、末広君に協力を頼みました。この頃から彼と急速に親しくなり、本宮に来て一緒にやらないかと何度も誘われたのです。私の方も一年前から佐本《さもと》（すさみ町）を出ようと思って引っ越し先を色々探していたのですが、なかなか適当な場所が見つからず困っていました。

佐本は人口300人余りの、すさみ町の山あいの過疎地です。1997年4月に、22年間の大阪での農業を店閉いし、もう一度見知らぬ土地で一から農業をやりたくてここに移住して来ました。

何しろ還暦のオヤジをつかまえて若い衆と言うムラですから、当時52歳の私を見て、えらく元気のいいのが来た、と思われたのです。早速佐本を活性化する会のメンバーに加えられ、そのうちけん引役を担うことになります。ムラの活性化を夢みて東奔西走。今一歩という所までいったのですが、結局よそ者の私にはハードルが高く、ここで骨を埋めることはできないと決意するに至りました。

そんな訳で、今度はこの時の経験を生かし、本宮の地で私より若い、末広君と新しい挑戦をしようと思ったのです。

私の本宮行きに対し、一つだけ条件を出しました。それは私が拠点とする場所を見つけて欲しいということです。返事はすぐにあり、早速出向いて3カ所案内してもらいました。その最後に来たのが現在の出会いの里のある場所（高山）です。

そこはシイタケ栽培をしていた跡地で、その時建てられていた小屋が2棟残っていました。熊野川を見おろす高台にあり、正面から支流の大塔川《おおとうがわ》が注ぎ込み、観光で売り出せる程の景観です。ぐるっと見渡して平地が一町歩ほどあり、日当たりも申し分なく、いっぺんでこの土地が気に入ってしまいました。

「ここに決めた」と言うと、「そんなに簡単に決めていいのですか」と末広君が言いました。「ええんや」「この土地を手に入れるのはむずかしいですよ」「いや、大丈夫。」

土地が決まれば善は急げ、地主との交渉です。相手に会う前に、名前をきいてびっくり。その名はこれより遡ること数年前にきいたことがあったのです。「アサリさん？　オイ、俺その人知ってるぞ」。

そういえばここは本宮町の高山。高山といえば、当時この丘の上までは来なかったが、丘の下の河川敷の田んぼまでは来たことがありました。まだ佐本に入植する前で八尾の甲田光雄*先生の所で知り合いになった、浦木林業の浦木清十郎さんに案内されて、土地探しに熊野中を駆け巡っている時でした。

山の中にしては比較的広い水田群が気に入り、土地の交渉をするための水先案内人として浅里さんを紹介されたのです。浅里さんとは電話で話し、何日何時に会いましょうという約束をとりつけたのですが、当日親戚の方の葬式でキャンセルとなり、そのままついぞ一度も顔を合わすことなく、私は間もなく佐本に入植してしまったのです。

末広君に聞くと、浅里さんも、「アサノさん？　その人なら知ってる」と同じことを言ったそうです。こんな偶然があるでしょうか。これはもうまちがいなく、熊野の神々に導かれてここに来たのだと思いました。末広君によると浅里さんとの交渉は難航するだろうということでしたが、私には絶対的な自信がありました。それはもう神がかり的なもので、直観としか言いようがありません。予期した通り、話し合いはスムーズにまとまり、あっという間の手打ちとなりました。

さて土地が解決すれば今度は家ということになります。末広君によれば、発心門《ほっしんもん》に山持ちの古い家があり、ただで譲り受けられるというのです。早速友人数人でその家を見に行きました。

ここも見晴らしのいい高台にあり、表のモミジの古木が印象的でした。家は既に廃屋、屋根の一部はくずれ、巨人の指でちょっとついたら忽ち倒壊という風情。中も相当傷んでいるが、太い桧の大黒柱がひときわ目立ち、みんなはその柱一本に魂が引き寄せられ、「もらおう!」ということに決定。ただし、この家に至る車道がなく、搬出は相当な出費が予想されました。

家主の栗栖さんに伺うと、この家はこれまで梅原猛、中上健次をはじめ色んな人がもらいに来たが、搬出困難というので断念したそうです。ところが今回、栗栖さんのはからいで道がつけられ、アッという間に運び出すことができました。

「この家は俺を待っていてくれたんだ」。心の底からそう思われて、特に末広君、栗栖さん、移築全般を請け負ってくれた海野さん、それに尽力してくれた全ての人に感謝しました。初めて古家を見に行ったのが2000年5月9日、棟上げが7月13日、そして10月11日にはオープニング・パーティー。

この間のエピソードを一つあげておくと、6月8日、末広君、海野さん、私と身内で地鎮祭をし、夕闇迫る頃その酒を3人で飲みました。月はまだ太ってはいないが、前に座っている人の顔がはっきり見えるくらい明るい。初夏ではあったが、春風駘蕩《しゅんぷうたいとう》という気分で、三人とも、幸福感に包まれていました。

「月は綺麗やし、酒は旨いし、この上ホタルでも飛んでいたら最高やなぁ。」私がそう言うと、末広君が「あれ」と指を差したのです。まさにそこには、たった一つだったけどホタルの火が浮いていました。

「さすがにここは熊野やネェ。役者はみんな神が用意してくれる」


オープニング・パーティーもやはり月の夜でした。完成した家に電気はなく、ローソクや松明の火が野趣をそそりました。六十人余りの人が集い、野外の各々のテーブルで食事をしました。適当な暗さの闇が人々の緊張を解き、解放された感情が暖かな波動となって出会いの里の庭を包んでいました。

福井幹《つよき》さんの笛の演奏が始まりました。もの悲しくも力強い笛の音は、月光の森にこだまして、森の樹々たち生き物たちも耳を傾けます。ありとしあるものが、この小さな行事に参加して、熊野出会いの里の誕生を祝福してくれていました。

「熊野出会いの里」という名称は末広君が「熊野出会いの会」にヒントを得てつけてくれたものです。素直ないい名前です。末広君のこの遺産をこれからも大切にしていきたいと思います。

＊八尾の甲田先生…大阪府八尾市在住の甲田光雄氏は、断食療法・食事療法の大家で、薬を使わず難病の治療にあたり、多くの治癒実績をもつ

色即是空　空即是色

「色即是空」というコトバを日本人ならば一度もきいたことがないという人はいないでしょう。しかし、「空即是色」となると「色即是空」ほどポピュラーでありません。

これらのコトバはおシャカさんの般若心経に出てきますが、同じ語をひっくり返しただけなので同じことを単に言い替えていると思っている人も多く、「色即是空」だけで事足りるという人もいます。しかし、この「空即是色」がこのお経の中で最も大切な所で、これを削ったり、いいかげんに扱ったりするなら、画龍点睛を欠く、どころかこのお経自体の意味をなさなくなります。

かく言う私自身とてもえらそうに言えた義理ではなく、最近までこの「空即是色」の意味が解りませんでした。学者先生やえらいお坊さんの解説に接しても、納得のいくものはなく、それどころか本人さえ解ってないのじゃないかと思われました。その理由が最近やっと解ったのです。

つまり「色即是空　空即是色」というのは、おシャカさんが頭の中で考えた世界ではなく、直接体験の世界だからなんです。それも私達凡夫が五感・六感を使って体験する日常体験ではありません。真理の世界というのは、脳をひねくり回して解釈できるものではなく、脳の外に出なければ解らないものです。

宗教というのは哲学ではありません。世界をどう解釈するのかではなく、世界そのものを、真理そのものを直接体験するのが宗教です。宗教学者やえらいお坊さんがトンチンカンな解釈をするのは、「色即是空　空即是色」という真理を体験していないからなのです。

前置きはそのくらいにして本題に入りましょう。まず「色即是空」ですが、これは人口に膾炙《かいしゃ》している分巷《ちまた》では俗っぽく解釈され、〝この世の中に永遠に続くものはない。どんなものでもやがて朽ち亡びる。全てはうつろいゆくもの。自分自身とて例外ではない。一見華やかに見えても全て空なのだ〟「だから何をしたって虚しい」というのと、「だからこそこの瞬間、瞬間、生命を燃やそう」というのに分かれますが、どちらにせよ同じ穴のムジナです。この解釈では究極は虚しい。

それではオシャカさんの真意は何か。おシャカさんは虚無を説いた訳ではないのです。虚無の奥、虚無極まって実になる、という世界を説いたのです。ここでいう「色」というのは文字通り色なのです。物には必ず色があり、色は物のあらわれを言います。つまり、そのあらわれ出たもの、五感に感じられるものが色であります。ここで言う色とは現象界全てのものを言います。おシャカさんは現象界の一切のものは空であると断ぜられます。もっとも昨今の自然科学の進歩によって、この世界の物質の正体が明らかにされつつあり、「色即是空」というのは納得され易くなっています。

中学の時、物質の最小単位は原子であると習いましたが、その原子の大きさを球場に例えると、真中にある核はフットボールの大きさ、球場内を飛び交う電子たるや砂粒の大きさであり、あとはガランドウです。

私達の目のレンズの倍率を上げ、10の30乗分の１センチメートルぐらいのものが見える視力をもったとしたら、この世の中はまちがいなく空、ガランドウに見えるはずです。核や電子とて倍率を上げればやがて見えなくなることでしょう。つまりこの世の中のことは、人間の五感（せいぜい六感）を通して認識しているだけであって、その約束事の中での世界認識である訳です。

ということを頭に入れて「色即是空」に接した時、このコトバがもっと現実味を帯びてきます。おシャカさんは科学が見るより2500年も前に、この現象の奥にある世界を体験したのでしょう。そして一切を空であると断じることによって、全ての把われを捨て去ったのです。カラッポになった自分、カラッポになった世界、そのままであるなら虚無です。

しかし現象の自分が空になり、現象の世界が空になると、そこに同時に満ち満ちた自分、満ち満ちた世界が立ち現われるのです。自分がなくなった時、自分の全てになるのです。何故かというと、フィクションの自分、想念によって作られた自分が退場することによって、その空け渡された場に神と直結した本性としての自分が入ってくるからです。空の場は実相の神の光で満たされるのです。色即是空を経ることにより、実在界が顕現したのです。これがおシャカさんの「空即是色」です。

つまり「色即是空」と「空即是色」はあくまでワンセットであり、単なる言い替えなんかではありません。この二つに時間差はなく、同時に起きています。しかし「色即是空」の「色」と「空即是色」の「色」は全くちがうものです。五井昌久先生*によれば、前者である往相《おうそう》の「色」は仮相の色（もの）であり、後者の還相《げんそう》の「色」は実相の色（光）ということです。

もしも人間に心というものがなかったら、五感の捉え得る現象の世界を平板的に体験するだけで充分なのかもしれません。しかし心というものは五感の世界に大人しくつなぎ止めておくことはできません。心は自覚的には知らなくても、無意識の中では真理のにおいを嗅ぎとっていて、現象を現象として体験するだけでは満足できなくなるのです。

私達が肉体をもち、五感をもって生まれてきたのは、この現象界で生きていくためです。しかし現象界でよりよく生きようとすれば、五感や肉体を超え、現象界をはみ出さなければならないのです。皮肉というか、不思議というか、当然というか、そういう立場に私達はいるのです。「色即是空　空即是色」というのは悟りを開いた人だけの世界ではなく、この現象界をよりよく生きたいという凡夫の私達にとっても、大きな啓示を与えてくれます。

これは私の個人的な体験ですが、29歳で神経症になり1年余り七転八倒、何度か死の淵までいき、森田療法で克服しました。その過程で農業との出会いがあり、半年ほど昼間は農業、夜は塾の教師をしていました。しかしそろそろ自分の進路を決定しなければならないと思っていました。

森田療法の医者になるか、幼児教育をするか、学問の道をいくか、物書きになるか、百姓になるか、心は千々に乱れるばかりです。このままだとまた頭がおかしくなると思い、ある夜真剣にそのことに向い合いました。全ての常識を蹴とばし、自分の一番やりたいことを選んだのです。「本もペンもみんな捨てたぞ、オレは鍬一本で生きるんだ」そう思ったとたん不思議なことが起りました。この世の快楽を超えた快楽の中に突然投げ出されたのです。あらゆるものが自分と調和し、平安と安心で全身が包まれる。何より驚いたのは、自分の体重がなくなっている。畳に坐っていたのですが、畳との接触感がないのです。宙に浮いてるんじゃないかと尻の下を見たぐらいです。

この時体験したのは、五感的なもの、日常的延長線上にあるものではなく、現象界の奥にあるものでした。エクスタシーは数分続いたでしょうか。それから今日までそのような現象は二度と起らなかったのですが、一体あれは何だったのでしょう。

心が魂の欲するものを見つけ、心と魂が合体した瞬間だったのでしょうか。いずれにせよ引力から解放されたあの数分間が、私の人生を決定しました。所有することより放すことの大切さを学びました。あの時正真正銘本もペンも捨てました。その瞬間、本もペンもより身近なものになったのです。

この体験を通して見えてくるものは、あらゆるものを放した時、あらゆるものが自分のものになる（というより自分と正しい関係になる）。自分を放した時自分の全てになる（正しい自分になる）。それが私のささやかな体験を通して見る「色即是空　空即是色」です。

＊五井先生…五井昌久氏は宗教家で世界平和の祈りの提唱者。「世界人類が平和でありますように」

紫蘇もみ

市村さんと梅干し用の紫蘇もみをした。炎天下で、いい加減にシゴいて収穫したので、コンテナに詰めこんだのをもう一度そうじすることにする。病葉や緑っぽい葉、虫の卵のついている葉、それに軸などを取り除くのである。紫蘇12～３キロというとなかなかの量なので、丁寧にすると結構大変である。

それでもやっているうちに、その一枚一枚に愛情が湧いてきて、その一枚一枚が何だかかけがえのないもののように思えてくる。「そういえば、オレの子供の頃はこういう作業が多かったなぁ」

大豆や小豆のそうじも、祖母や母がよくしていたものだ。それは普通の暮らしの光景だった。昔のサザエさんの漫画にも日常の一コマとしてそういう場面が出てくる。夜なべ仕事に石うすを引くこともあった。人間の口に入るまで、手間のかかる分、食べ物に対しての思い入れは深くなる。家庭の中で大人も子供も関わった。食べ物は金銭で買えるもの以上の何かであった。

そうじした紫蘇を今度は塩でモミながら、今でもこうして食べ物とつき合える幸せを大いに感謝した。

ニガウリ

新しい家のベランダは日当たりがいい。冬は暖かくていいが、夏は暑い。何か陰になるものはないかと思うが、人工物は面白くない。それなら植物、どうせなら実のなるものの方がいい。そこで選ばれたのがニガウリ。ニガウリは勢力旺盛で夏には滅法強く、秋風の音をきくようになっても枯れることはない。その上栄養豊富、自身が元気なだけでなく、人を元気にする。ニガウリを常食している沖縄は有数の長寿県。沖縄人はニガウリのことを「ヌチグスイ（命の薬）」と呼ぶそうだ。「桃の花が咲いたらウリの種を落とせ」と言うが、3月下旬に播いて苗を仕立てる。そして5月初旬に大きなプランターを九つ並べ、各々一本ずつ定植。6月にはネットを張ってその辺の雑木で棚を作る。7月にはツルはネットの上まで届き、棚を這い始める。朝起きたら一番にこのニガウリ達の様子を見る。長年百姓で飯を食ってきたが、今回は家庭菜園の喜びだ。ある意味、プロの農家より家庭菜園の方が植物に対して純粋になれる。無邪気につき合える。

日が傾くと客人は棚の下にしつらえた食卓につく。ニガウリの微かな香りが鼻腔を巡り、切り込みの深い小さな葉が夕風に慎しく揺れる。食卓にはゴーヤチャンプルー、鮎味噌キュウリ、焼きナス、トマト、枝豆、シシトウ、オクラと畑の幸が並ぶ。コップにビールが注がれる。私はアルコール法度なのでノンアルコールビール。客人の満足気な顔、顔。夏宵一刻値万金。この至福の宴にどうぞおいで下さい。ニガウリさん、ありがとう。

梅雨の旅人

6月の中頃、畑でトマトの手入れをしていたら、大きな荷物を担いだ人がやって来た。髪は短く、色は日焼けでまっくろ。パッと見男か女か分からないが、声をきいて女だと分かった。「あのう、ここで農作業の手伝いをしたら泊めてもらえるときいて来たんですが」。「オレはそんなこと言った覚えはないよ。何拠か他所《ほか》とまちがってるんじゃないか」とは言ったものの、これも縁だと思い母屋に案内する。

話してみるとなかなか面白い経歴の持ち主であった。年の頃30代半ば、よく見ると愛敬のある可愛いい顔をしている。南米のパラグアイの生まれ。おじいさんが移民で渡ったそうだ。両親と小学校の頃日本へ帰って来た。大人になって何年も世界中を放浪していたらしい。今回は四国の八十八カ所を巡り、徳島からフェリーで和歌山に渡り、高野山に参って小辺路《こへじ》を通り、龍神《りゅうじん》・本宮《ほんぐう》に至り、那智《なち》、速玉《はやたま》を巡って再び本宮に来たそうだ。

ウウム、なかなかのつわものこれからの予定をきくと、奥駈けに挑戦したいとのこと。梅雨が明けるまで、滞在が少々長引きそうだ。晴れた日は百姓のお手伝い。抜群のスタミナ。田や畑で働く姿を見ていると、十里、百里、と黙々と歩く様を彷彿させる。

彼女の食事は完全自給。全て出会いの里の米と野菜を使う。野菜で足りない分は市村さんに教わって色んな野草を摘んで食べている。何を食べても「ウマイ！」とマイにアクセントをおいた関東弁の発音で言う。

少しばかりのお金しか持たず、その地の庶民ないし貧民層と同じ目線で旅しているので、人間に対する洞察が深い。その地の人が置かれている自然環境、社会環境によって文化が各々異なること、物の見方、考え方が異なることをよく知っている。反対に人間として共通の感情・スピリットをもっていることもよく知っている。身体を賭して、生命を賭して知っているのだ。百万巻の書を読んでもかなわない。

異文化を旅することによって、異ったものを異ったものとして平等に見る優しさが備わり、身体一つ極限の状態で関わることによって、人間は究極は同じなのだという深い信頼が生まれたのだ。「貧しい国に行くと、お腹が減って倒れそうでもなかなか助けてくれない。でも最後は助けてくれる。そこでは自分のものは人のもの、人のものはじぶんのものっていう感じ」。

梅雨が明け、明日はいよいよ出発という晩、ニガウリの棚の下でお別れパーティーをした。私と佐代と市村さん、横山君、そしてナナちゃんの5人。市村さんは女性は苦手というタイプだが、彼女についての感想は舌が滑らかだ。放浪については市村さんも武勇伝の一つや二つ持った人だが、彼女には脱帽。尊敬の念すら感じるという。横山君は五十男だが、はるか年下の彼女を姉のように慕い、彼女の滞在中とても嬉しそうだった。身体を鍛えていつか彼女についてインド旅行をしたいと言う。

佐代と私は何人目かの旅人を見送る。もともとまちがって迷い込んだ人だが、まちがってなかったんだと思った。まちがって起ることはない。起ることはみんな正しい。次はどんな人か来るのだろうか。本当に出会いの里はいい所だ。

2006〜7年冬

匂う黒髪

数年振りの高校の同窓会に参加した。やはりみんなこの前会った時より明らかに老いている。幹事の報告によると、亡くなった同級生も三十数名になるという。現に高校時代大の仲良しだった友人も数年前に他界した。まだ老人会という所まではいかないが、殆んどの人は第一線を退いている。しかしどんなに姿形は変わっても、面影は残っているし、高校時代の本人とダブって見ている。

卒業した年に舟木一夫の「高校三年生」が大流行した。彼は我々と同い年ということもあって、締めにこの歌をみんなで唄うことがある。高校の同窓会というと、反射的にこの歌が浮かんでくる。

「ぼくらフォークダンスの手をとれば、甘く匂うよ、黒髪が」

という所が私は好きだ。

卒業が間近に迫った頃、３年生全員でフォークダンスをすることになった。二つの列に分かれて次々にパートナーを替えていく。女子は男子の半分しかいないので、なかなか女子に巡り合えない。

「そのうちに」と期待して、我慢強く同性の相手を務めていたが、とうとう最後まで匂う黒髪に出会うことはなかった。その時の落胆たるや、同窓会の度に思い出す。

悲劇の原因《もと》は、担当の教師が分割を公平にしなかったからである。片方は女子プラス男子、片方は男子のみ。これでは、女子プラス男子の列に入ったものは、永遠に女子に巡り合うことができないではないか。未だに忘れず口惜しがる程、甘く匂う黒髪は胸をときめかす憧れであった。

黒髪の思い出といえばもう一つ。本当はこのことを書きたかったのだが、あれは中学3年生の時だった。前の席に私の好きな子が座っていた。私は何かを作図していた。その子は後ろを向いて、その作業を見ていた。その時何かの拍子に髪と髪がわずかに触れた。それでもその子は、そのままの状態で私の作業を見ていた。私は気が狂わんばかりの嬉しさで、全身髪の毛になって、その子の全てを感じようとした。その幸せの美酒を一滴も逃すまい、と全神経を集中していた。

教師もクラスメートも居る教室の中で、憧れの少女と白昼共犯劇を演じているという意識が至福感を一層大きくした。それはほんの数十秒か数分の出来事だったが、比類なき濃さで、今でもあの時の情感がまざまざと甦える。

あれから50年。黒髪の彼方にあるものを次々に踏破し、探険し尽くしたが、匂う黒髪に優るものはなかったようである。

目の前の少々くたびれた元女子高生をながめながら、そうそう、御礼を言っとかなければ、と思った。

「その節は、匂う黒髪、どうもありがとう」

柿の木讃歌

10月26日は柿の日だとテレビが言う。西吉野《にしよしの》の農家が提案して採用されたらしい。何故この日かと言えば、正岡子規が「柿食へば鐘が鳴るなり法隆寺」の句を作った日だからだそうだ。子規は柿が大好きで、この日奈良の宿にて女中に御所柿を所望している。お盆に山盛りの柿がテレビで、再現されていたが、残念ながらそれは御所ではなく平核無《ひらたね》という品種だ。

そんなインチキはよくある。私は商売柄、農業関係には敏感に反応してしまう。例えばドラマで戦後の食糧難の場面にサツマイモがよく登場するが、それが紅あづまだったり、鳴門金時だったりする。しかしその当時、こんな色鮮やかな美しい品種はなかった。最もポピュラーであったのは、丸型で果肉の黄色いゴコクという品種である。

また時代劇で水田の場面。これが機械植え。手植えと機械植えは明らかにちがうので、カメラアングルを考えて撮らないとすぐ分かってしまう。それでもう興醒めしたりする。「おしん」などでも、農作業の場面は、本当にお粗末でリアリティーがない。NHKの朝ドラ等は農家のファンが多いが、あんなへっぴり腰の鍬使いを見せられると、チャンネルを替えたくなる。農にまつわるこういういい加減な場面ばかり見せられると、テレビ関係者の農業に対する無関心、蔑視を感じる。方言指導と一緒に、農業指導も受けてもらいたいものだ。

ついつい脱線が長くなったが、柿の話に戻そう。私は今、子規とちがい、鹿の声をきいて柿を食っている。さしずめ、「柿食えば鹿が鳴くなり奥熊野」というところか。秋は交尾の季節。牡鹿が牝鹿を呼ぶ声だ。ヒューという甲高い声をきくと、秋の深まりを感じる。

私が食しているのは先程の平核無という品種、渋柿だ。収穫し、渋を抜いて、さわし柿にする。

この柿の木は大阪の実家にあり、私の小学生の頃植えたものだ。3本あったが、1本切って今は2本。隔年結果もなく、毎年よく実をつける。「柿の木は危ない」というので、子供の頃は絶対に登らせてもらえなかったが、高校生になって止める人がいなくなり、初めて木に登った時、ああ大人になったんだ、と感無量だった。

米一俵かつげるというのが農家の元服だが、柿の木にフリーパスというのも大人として認められた証拠だ。それから幾星霜、この柿の世話をずっとし続けてきた。

私の専門は野菜作りだが、トマトやキュウリ等の1年ものと、この柿とでは愛情の深さがちがってくる。毎年積み重ねて半世紀というのは生半可ではない。熊野で暮らしていても、熟れる時期には必ずこの柿の木の前に立つ。

今年も留守を預かる娘とコンビで収穫した。もう還暦も過ぎたが、申年《さる》のせいもあって、まだまだ木の上で違和感はない。老木にいたわられる老人の図といったようなもので、柿の木の上で一人悦に入っていた。

それでも気は抜けない。柿の木には枯枝が沢山ついている。これが危険なのだ。注意して見れば、

熊野は冬
囲炉裏の火を見つめ
神々と共に
たおやかに暮らす

枯枝には葉っぱがついていないのですぐ分かるが、木肌だけでは区別がつかない。夢中になってとっていると、つい足をかけてしまう。そうなれば百発百中、その枯枝とともに人間も落下することになる。

私もやはり二、三度落ちたが、そのお陰でこの歳になっても、内なる子供と存分に遊ぶことができる。地上でエプロンを広げる娘の姿が親指姫のように小さい。そのエプロンめがけて柿を落とす。ストライク。

収穫が終われば、ヘタについた枝をキレイに切り落とし、一つひとつのヘタを焼酎に浸す。それを昔は箱に並べていたが、今はビニール袋に入れ、ある程度たまったら口を閉じ密閉する。暗所に置き、５日もすればシブは抜ける。

私はこの作業がまた好きなのだ。一つひとつの柿に思いを入れる。農の心を伝えると言ったら大げさだが、そういう心意気で作業している。「なんとおいしい柿ですネエ、肥料ですか、品種ですか」と問われるが、肥料でもない品種でもない。それは紛れもなく愛情だ。「柿」と「柿の木」と「柿を食べる人」への愛情だ。私の柿を食する人は幸運な人だと本気で思う。子規にも食べさせたかったなぁ。

この間、里芋の出荷に京都の亀岡まで行き、帰路道路沿いのホームセンターに寄った。その一角で野菜を売っているコーナーがあり、のぞいてみるとベラボウに安い。キャベツ、大根が50円、ニンジン一袋68円、中ぐらいの大きさのエビスカボチャが150円。一体農家の手取りはいくらだろうか。もう慣れっこになっているとはいえ、こんな価格を目の前に見せられると全身の力が抜ける。その上売り場はガラーンとしていて、客は私一人。まだ大安売りに群がる客というのなら解るが、安くても見向きもされないのだ。

私が出荷しているのは関西の会員制の自然食の宅配会社で、ここの野菜より余程恵まれた価格で納入しているが、それとて日常の手間と苦労を考えれば満足のいく価格ではない。

「この国は亡びる」、腹の底の方から黒い怒りが重い泡となって出てくる。私達が肉体をもって生きている以上、食べ物はかけがえのないものである。何を今更と言われるかもしれないが、今の日本で心底そう思っている人は少ない。

健康グッズやサプリメントは高くても平気で買うが、キャベツや大根が50円であっても不思議だともおかしいとも思わない。トラクターが1台、100万、200万円、軽トラックが1台80万円するのに、農家がこんな安い野菜を売って、どうしてやっていけるというのだろうか。

人々の生活の最も大切な基盤である食べ物が、こんな不当な扱いの社会で、その国の背骨がシャンとする訳がないではないか。テレビの大食い競争や食べ物を投げつけたりするショーと、一本50円の大根は連動している現象だと思う。

私は自分の仕事が大好きである。月給一千万円でうちの会社に来てくれませんか、と誘われても絶対行かない（勿論そんなことは誰も言ってこない）。

田園調布や芦屋に住みたいと思ったことも、高級乗用車に乗りたいと思ったこともない。よくぞこんないい仕事に就けたものだと、常々その幸運を喜び、神に感謝している。

しかしながら自分の誇り高き仕事が不当に貶《おとし》められていることに対して、黙っている訳にはいかない。自然の恩恵を他の誰よりも受けている百姓が何も高級取りになる必要はないが、せめて再生産が可能な評価はされるべきである。

自由貿易という美名の下に、農業は翻弄され続けているのであるが、それとても国に農業を守ろうとする強いポリシーがあれば、まさか総合自給率40パーセントなどというフィクションみたいな数字にはならなかっただろう。

1961年、農業基本法が出来た頃、80パーセントであった自給率がそこまで下がるということは、低価格に耐え切れなくなった農家が次々に撤退していったからだ。キャベツや大根が50円というのは、私がこの道に入った三十数年前よりまだ安い。

それに比べ種の値上がりは、農家にいささかの手心も加えてくれない。タキイという種苗会社を御存知だろうか。私の行きつけの種苗店が主にタキイの種を扱っている関係上、この会社の種を使うことが多かった。

例えば「北進」というキュウリがある。30年前、20ミリ1300円だったと思うが、現在5000円ぐらいしている。これはまだ安い方で、もっと高いキュウリの種は沢山ある。トマト、ナスの種はほぼ右へならえだ。勿論、キャベツも大根もである。

何故農家が自分の所で種を採らないんだと言われそうだが、「現在流通している野菜」の種は殆んどが一代交配で、農家は種苗会社から買うより術《すべ》がないのである。

私は若い頃、そんなシステムに反発して、交配種を固定しようと試みたが、それには年二作で５年かかるし、色々面倒なことがあって、一農家でできることではないと思い諦めた。それに仮に固定に成功しても、一代交配種とは似て非なるものなのだ。

（一代交配や固定種について詳しくお知りになりたい方は、ご連絡ください）

企業は力があるので、資本主義の流れにのって毎年種の値を上げてくる。農家は流れにとり残され横波を食らい続けるので、あるいは沈没し、あるは溺死寸前である。


今度は苗を例にとろう。春になると、種苗店にナスやキュウリの苗が並ぶ。種は値上がりしているのに、この苗の価格は30年前とあまり変わらない。当時60円。今はせいぜい80円か90円。何故かというと、種は種苗会社の独占だが、苗は農家が作っているからである。農家は資本主義の蚊帳の外。餌食になる時だけ蚊帳の中に引っぱりこまれる。

ところが最近、ホームセンター等で、二百数十円の苗を見かける。見たところ何かいわくありそうで、それらしくデコレイトされているが、その横で売られている50円のものとほぼ変わるところがない。一種詐欺のようなものだが、これはタキイ種苗が出している苗なのである。

つまり企業の採算ベースでいけば、二百数十円という値段が正当な価格なのだ。そうしてみると、80円、90円という苗の価格は余りに安過ぎる。しかしながらである。でき上がったキャベツが50円なのに、100円の苗を買う人が果しているだろうか。かように農業は愚弄《ぐろう》され続けている。

それでも農業を続けている人は、私のように余程農業が好きか、もしくは愛国心に満ち満ちた人である。先程腹立ちまぎれに「この国は亡びる」などと言ったが、こういう人間国宝みたいな人がいる限り、この国の未来はあると思い直した。「そうか、オレも人間国宝なんだ」と自覚してみると、農業が益々魅力的に見えてきて、「資本主義も自由貿易も、ものとやはせん、オレがいる限りこの国は大丈夫だあ」という具合になりました。

めでたし、めでたし。

芋煮会

去る11月5日、備崎《そなえざき》の橋の近くの川原で恒例の芋煮会を行いました。今年で4回目になりますが、これは現在よりはるかに神秘的で雄大であった熊野川の甦りを願って行うものであります。

そのためにはまず、川を上からながめるだけでなく、川原に下りて、川の声をきいてもらえたらなぁ、ということです。芋煮会が、熊野川と人々との再会の小さなきっかけになれば、こんな嬉しいことはありません。

今年は志を同じくする『かまんくまの』誌の見壹さんにも呼びかけて、出会いの里と共同でお世話することになりました。

当日は天気に恵まれ、スタッフを含め百人程の参加者がありました。参加者は三つのグループに分かれ、一つ目は芋煮の前に大日越えを行うというものです。湯の峯まで車で行き、鼻かけ地蔵、大日社《だいにちしゃ》を経、備崎に至ります。この大日越えは見壹さんによると、本宮大社の春の例大祭の「湯《ゆ》登《のぼり》神事」という行事のコースをなぞるということだそうです。

二つ目のグループは、芋煮にちなんだ里芋掘りで、私の畑で実地体験をしました。三つ目はいきなり芋煮を只食べるというグループ。三つ目が人気があって、一番多かったようです。

11時に三つのグループが合流し、前の日に切って準備しておいた孟宗竹で、各自自分の食器を作りました。器が出来れば、さていよいよお目当ての芋煮とおにぎり。里芋とおにぎりのコシヒカリは出会いの里のもので、熊野川の水の恩恵を受け育ったものです。スープのだしになったのは、鶏10羽。これも出会いの里で飼われていたもので、最後まで御奉公してくれました。

何杯もおかわりをし、腹が落ちついた頃、今度は川原の音楽会。大阪から来てくれた山本公成さんの笛の演奏。山本さんは私の旧友で、その昔私が農業の手ほどきをし、彼から音楽の素晴らしさを教わったことがあります。

彼の自然に対する感性に益々磨きがかかり、奥さんとのコンビも息が合い、とてもいい気持ちにさせてもらいました。私は気がつかなかったけれど、見壹さんの話では、トンビ達も音楽をききに来ていたそうです。その時ふと、音楽というのは究極、宇宙のリズムを音に写し出したものなのかなぁ、と思いました。

第四回目の芋煮会、鳥さん達にまで参加していただいて、本当に有難うございました。
スタッフの皆様、ご苦労様でした。

知事選に思う

和歌山県知事選、投票率35・21パーセントで過去最低。自民党の関係者と共産党の関係者以外で選挙に行った人は、一割に満たないのではないか。シラケ選挙というよりボイコット選挙。

選挙民の一人として、」この超低調の選挙の責任の多くは民主党にあると思うし、中でも批判されるべきは同党の地方ボスの何たらいう御仁だ。串本町議の清水和子さんが候補に決まったのに、知名度がないとイチャモンつけて引きずり下ろした張本人だからだ。知名度というなら仁坂氏や泉氏だって誰も知らない。新人の候補で知名度があるといえば、芸能人かスポーツ選手くらいのものだ。

本当の理由は、市民派の清水さんでは御し切れない、自由にならないということなのだ。それに清水さんには、串本町議以外これといった肩書きがないということが、頑陋《がんろう》な頭には知名度がないと映るのだ。

しかしながらである。今度の事件の本質は、既存の利権と肩書きの癒着ともいうべきもので、市民派というのは、そういう陋習《ろうしゅう》の巣窟から最も遠い所にいるのではないか。

清水さんが面白いのは、ただのオバさんだからなのだ。亭主は土建屋で、砂防ダムをはじめ色んな所をコンクリートで固めてきた。その時はそれが社会の役に立っていると思ったが、今になってみると、それに疑問を感じるようになった。亭主はすでに亡くなったが、その禊《みそぎ》をしなければならないと思った清水さんは、ゴミ問題に取り組み、その実績を認められ、古座町議となり、合併で串本町議となった。

清水さんのいい所は、自分の小ささにひるむことなく、正しいと思ったことは猪突猛進に進んでいくという楽天性と無邪気さに支えられた行動力だ。既存の政治家が常識と考えている線をいとも簡単にクリアして前進する。物解りのよい政治家が清濁合わせ飲んでいる中に、気がつけば濁にどっぷり漬っているというような心配は清水さんにはない。それだけでも充分、今の県行政への生産的批判になっているのではないか。

今回の知事は特に、利権や肩書きと対極に居る人がなるべきだった。民主党はドエライ宝を逃したものだ。民主党にとっても市民派にウィングを拡げるチャンスだったのに、史上最悪の選択をしたものだ。

起死回生のホームランは幻に終った。史上最高の面白い選挙になるはずが、史上最悪のシラケ選挙になった民主党の責任は大きい。しかしだからといって、自民党も民主党も所詮同じ穴の狢《むじな》じゃないかと言って、一刀両断したって空しい。

最後は組織の保守性に阻まれたものの、無名のオバサンが知事候補に上がる土壌がこの保守王国の和歌山にあったという事実が孕む可能性を大切にすることだ。

政治というのはこういうもので、政治家というのはこういうものだという保守的な思い込みを一度蹴とばそう。そして新しいタイプの政治家を自分達の手で育てなければ、癒着の構造を切り崩せないだろうというのが私の見方である。

しかしこんなことを書きながら私も大いに反省しているのです。あの時すぐに清水さんに電話し、敗けてもいいから市民派でやろう、選挙資金は田んぼを売って作るから、と言えばよかった。そう速決できなかったことに悔いが残る。

第2章

秋天来了

2007年早春

私の九条

憲法改正の動きが活発になってきました。九条をめぐっては、私なりにいくつかの思い出があります。一番最初は小学生の時です。通学時、校門を入ったところに、李承晩ライン[*1]の地図が貼り出されていて、日本漁船がそこから締め出されていると書かれていました。どういう教育的配慮があったのか知りませんが、それを見て子供心に「口惜しいなぁ」と思いました。韓国にとっては、戦前の日本への復讐だったのかも知れませんが、それは子供でも解る不当なものでした。日本漁船が拿捕《だほ》されるたびに、やっぱり大人の世界も腕力か、と思いました。それはソ連に対しても同じ思いでした。北の海では、今度はソ連が拿捕したのです。大国ソ連が戦争に敗れた小国日本をいじめているとしか映りませんでした。「弱い者いじめは腹が立つけど、やっぱり強くなりたいなぁ」というのが吉男少年の心情でした。

この時、九条の存在を知っていたかどうか記憶にありません。九条を明確に知ったのは、テレビが普及して国会中継を見るようになってからです。その頃もう自衛隊[*2]は出来ていましたが、素朴に考えれば、九条がある限り運用どころか自衛隊があること自体、憲法に抵触しているのじゃないかと、私は思っていました。

しかし政治は特にたてまえと現実の交錯する世界なので、屁理屈でも権力と現実の後押しがあれば、通ってしまうのだなぁ、というのが実感でした。そして既成事実を積み重ねていけば、量の拡大が質の変化をもたらし黒も白になってしまう、ああ、くわばら、くわばら。とは言うものの、李ラインやソ連のことを考えると、軍隊をもっていいのか悪いのか、本当に分からなくなりました。

それから今日に至るまで、半世紀経ち、自衛隊の還暦も近くなってきました。この間自衛隊は増強に増強を重ねていったものの、戦争は一度も起っていません。戦争ばかりか、近隣諸国との小ぜり合いすらなかったというのは、やはり九条があったからでしょう。

しかし最近の若い人の動向を見ると、憲法を改正して正式な軍隊を持った方がいい、と考える人が増えているようです。

自分の国の守りを外国（アメリカ）に頼り、そのおかげで何でもアメリカの言いなり、北朝鮮からはアメリカの属国とののしられる始末、こんな煮え切らない情況はもう限界だ、憲法を改正して、晴れて堂々と戦える軍隊を持ち、アメリカにも言うべきことは言う、その方が余程スッキリするではないか、といったところでしょうか。

その上、平和憲法はアメリカに押しつけられたものじゃないか。当時は占領されていて仕方なかったが、独立してもう五十数年経つのに、未だに有難くおしいただいているなんて、独立国としてのプライドは何処に行ってしまったんだという声もきこえます。

そこで私の考えですが、今まで述べたことは心情としては全て解ります。しかし、私はそれでも改憲には反対です。平和憲法を世界遺産にしろという話もありますが、その値打ちは充分あると思います。

憲法第九条

①日本国民は、正義と秩序を基調とする国際平和を誠実に希求し、国権の発動たる戦争と、武力による威嚇又は武力の行使は、国際紛争を解決する手段としては、永久にこれを放棄する。

②前項の目的を達するため、陸海空軍その他の戦力は、これを保持しない。国の交戦権は、これを認めない。

今改めてこの条文を読むと、成程うまいこと書いてある。絶妙だなぁと思います。昔、子供の目には、戦争放棄イコール軍隊放棄と映ったのですが、やっぱり大人はずるい。「前項の目的を達するため」、これが効いていますねぇ。

最初マッカーサーは、彼自身のノートによると、「紛争解決の手段として」のみならず、「自己の安全を確保するための手段としてさえも」戦争を放棄するよう憲法に明示すべきだと考えていたのです。

しかし九条起草責任者のケーディスは、自衛戦争まで放棄するというのを憲法に明文化するのは現実的でないと考え、この部分を削ったのです。

そして更にこの憲法に含みをもたせたのが、憲法改正特別委員長だった芦田均です。これが九条2項の冒頭の「前項の目的を達するため」であります。これにより、「陸海空その他の戦力は、これを保持しない」。〈しかし自衛のためなら、その限りでない〉と隠された文言が尚一層、あぶり出し易くなったのです（もっとも挿入当時、芦田自身もそのことに気づいていなかったという説もありますが）。

マッカーサーは朝鮮戦争で、日本に対し「軍隊を持て」と言って、当初の理想を裏切りますが、時の首相吉田茂は九条を楯にとってその要求をかわします。人は裏切るかもしれないけれど、書かれた条文は裏切らないのです。一般常識的に見ても、九条は素晴らしいものです。この源流は、1928年15カ国の代表が集まって、パリで締結された不戦条約です。その第一条はこうなっています。「条約国は、各々その人民の名において、国際紛争解決のため戦争に訴えることを罪悪と認め、かつその相互の関係において国策の手段として戦争を放棄することを厳粛に宣言す」

この時の日本全権大使が幣原《しではら》喜重郎で、憲法誕生の前後に首相をしていました。一説によれば、九条の発案は幣原さんの発言にマッカーサーが刺激されて出来たとも言われています。

国際的な起源で言うと、もう一つ1935年のフィリピン憲法が日本国憲法の「戦争の放棄」規定の起源になっています。マッカーサーは太平洋戦争中、フィリピンに駐在していたので、そこの憲法は知っていたのです。いずれにせよ、平和条項の中には、世界の体験や知恵がつめこまれていることを忘れてはならないと思います。

ＧＨＱやマッカーサーの意図がどうであれ、九条はあの当時の日本人の大半の人の願いを代弁したものであったはずです。もう戦争は絶対「否」という切なる思いが結晶化されたのが、この九条です。民衆の思いは政府にではなく直接天に通じ、ＧＨＱという超権力によって天から降ろされたのです。そこはまるで農地解放と瓜二つです。もし憲法作成や農地解放が当時の政府の手に委ねられていたら、かえって中途半端な、自分達を裏切るものとなったでしょう。

そしてこの九条は、長く続く平和の中で、生身の現実と生身の人間によって拡大解釈されてきました。しかし、九条の文言がある限り超えられない閾値《いきち》というものがあります。現状はこの閾値を超えんばかりのところにきているので、ある人達は改憲したくてウズウズしています。だが私は改憲より閾値を守ることの方が大切だと思います。手枷《かせ》、足枷に思えるものがより大きな自由を約束しているのです。

日本は古来、大和の国と呼ばれています。ヤマトとはダイワです。つまり大調和の国ということです。その大調和の国が、明治以来急速な近代化の中でバランスを崩し、近隣諸国に多大な迷惑をかけ、世界を巻き込む戦争を引き起してしまいました。しかし原爆投下と完膚なきまでの敗戦により、全てを失った日本はそのカルマを浄化され、天より進むべき道を示唆されました。それが九条であると私は理解しているのです。だから九条を持つということは、人類の悲願を達成するための先導役になるということです。

私達はこれまで九条を拡大解釈して現実に合わせてきました。しかしそれも限界に来たので、現実に追随して九条を変えようとしています。だが今度は逆なのです。九条に合わせて現実を変えなければならない時代に来ているのです。

だからこそ九条のしばりというものが重要になるのです。しばられる方から見ると一見不自由ですが、それが智恵と工夫を生み出すのです。武器を使えなければ低姿勢になります。弱い人が自分からケンカを売ることはないでしょう。なるべく話し合いで解決しようとします。

平和を守るというのは、そんなに格好のいいものではありません。竹島問題や海底油田の問題でも、日本の対応は地味で控え目なものです。イラクの復興支援でも、色々問題はあるにしても涙ぐましい努力をしています。ロシアの日本漁船拿捕にしても、全く不当だと激昂するのが当然かもしれませんが、政府は冷静な対応をしています。

しかしながら九条の精神はこういう消極的なことではないのです。先程も述べたように、九条を持つというのは、人類の悲願である恒久平和の道を進むということなのです。日本は大和《ダイワ》の国ばかりでなく、日の本、つまり太陽の国、そして又霊《ひ》の本、霊の国でもあります。原爆投下と戦争の完敗によってカルマを浄化されたこの国に、神の代理としての超権力によって九条が降ろされたというのは、決して偶然ではないと思います。

恒久平和というのは、言い替えれば絶対平和です。駆け引きなしの世界です。なぐられてもなぐり返さない。殺されても殺さない世界です。これを実践しようと思えば霊性を高める以外に道はありません。だからこそ日（霊）の本の国に九条が授けられたのです。

　霊性を高めるにはどうしたらいいか。それは強く平和を願うことです。ただのお願いではありません。祈るのです。馬鹿にするなと言う人がいるかも知れませんが、祈りこそ宇宙と調和する最高の方法なのです。自分の本体が祈り言に乗って、大調和である宇宙の懐に還るのです。宇宙即ち神と一つになることによって、自らもその光を浴び、そして放射するのです。個人と人類の同時成道であります。それこそが九条を最も生かす道ではないのでしょうか。九条の完成は九条が必要なくなることです。

　世界人類が平和でありますように。

＊１　李承晩《りしょうばん》ライン
１９５２（昭和27）年韓国の李承晩《イスンマン》大統領の「海洋主権宣言」によって、韓国側が一方的に宣言した朝鮮半島周辺の公海上における韓国の主権を規定する線。李承晩ライン宣言により、その水域への日本漁船の立ち入りは禁止された。

＊２　自衛隊
１９５４（昭和29）年設置（筆者は１９４４年生まれ）。

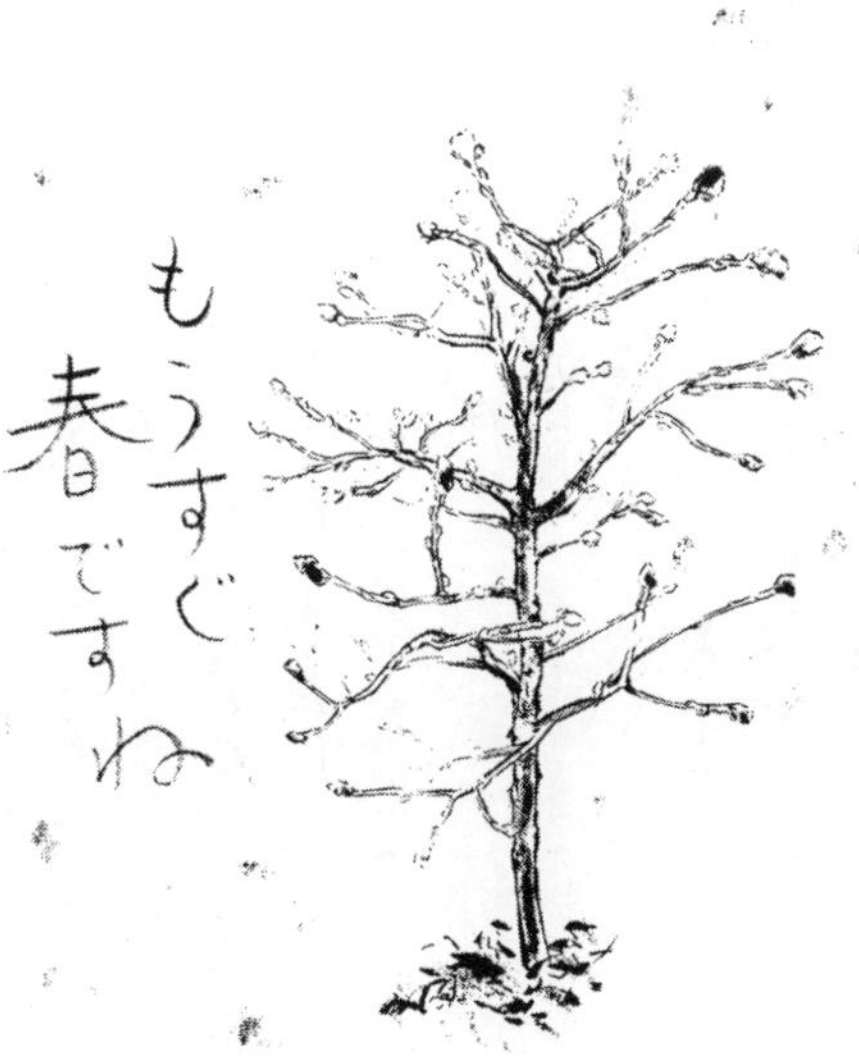
もうすぐ春ですね

秋天来了

先日、東京に行ってきた。大学1、2年生の時の担任の教師の三十三回忌である。これまで十三回忌、二十三回忌、二十七回忌とあったが皆勤である。これらの法事はご家族のとは別に、教え子が開いたものである。勿論、ご家族も全員出席された。法事が終わって奥さんと少し話したが、名前を言うと、面影があると覚えておられて、次の日の夜わざわざ御礼の電話まで下さった。

今回の法事は多少無理して行ったのだが、それは先輩諸氏と顔を合わすのは、今上ではこれが最後かもしれないと思ったからである。「次に会うのはあの世だなぁ」と言って笑い合った。それ程みんな年をとってしまった。

私が学生の頃、師は50歳ぐらいだったが、随分じいさんだと思っていた。それから四十年余、出席者の中で当時の師より若い人は誰もいない。

焼香の時、師の遺影を見て、「おやっ」と思った。「K先生ってこんなに若かったっけ」、前にも同じ写真を見ているのだが、師より若い時は何も感じなかったのだ。こちらの変化によって、同じものを見てもこんなに異った印象を受けるのか。人は肉体に閉じこめられた自分の視点でしか物を見られないいんだなぁ、と写真の師に教えられた気がした。

ところで、大学の一教師に対して教え子が三十三回忌までするというのは、一体どういうことなんだと思っている諸兄方も多いだろう。一番大きな理由は、私達中国語クラスの特殊性である。日中国交回復の前ということもあって、全学年で一クラスしかなく、徹底的にマイナーということでみんな仲が良く、クラス活動が盛ん、教師や先輩、後輩とのつき合いも密だった。従って大学には珍しいとても家庭的な雰囲気があったということである。

それと並んで大きなのは、師の人柄である。所謂けったいな人であった。当時の私は学内寮にいて、寮に電話がかかってくる。「アサノ、私の自宅に出向いてくれませんか」「何の用ですか」「台風で屋根が傷んだので、直して欲しいんです」。

ある時、師と一緒に歩いていた。パチンコ屋のネオンを指さして、「アサノ、あれを読んで見ろ」という。パチンコのパのネオンが消えている。「K先生、パが点いている場合は、はまると読めばいいんです」。そちらの方面に関しては、私の方がはるかに上手《うわて》でありました。

しかし師の名誉のために言っておくと、風貌も行動も奇態な人であったが、中国語の教育に対する情熱は凄まじいものがあった。だが私はこの先生に中国語を教わった記憶はない。何が面白かったかと言えば、質問だけ発して、何も教えてくれないことである。これこそが私がこれまで受けた教育の中で最高のものだと思っている。だいたい教師というものは教え魔である。だけどK先生は教えなかった。よく我慢したなぁと思うと同時に、時々ひょっとして何も知らなかったんじゃないかと思うこともある。

先程も言ったが、当時私は学内寮にいた。クラスメートがひっきりなしに部屋にやって来ては、喫茶店がわりに使っていた。教室に出なくてもクラスの情報は入ってくるので、中国語の授業にはあまり出なかった。たまに出席すると「秋天来了《チュテイエンライラ》」などとやっている。大学生相手に、これはどういう意味かと問うのである。余りにも馬鹿馬鹿しいが、改めて問われると「何かあるのかな」と思ってしまう。純情な誰かが答える。「秋が来る」。師は「そうかな」と言うと、今度は「秋になる」ともう一人の純情。「さぁ、どっちが正しいんだろう」。こんなことを1時間も2時間もやっている。

私も純情の仲間入りをしたくて授業が終わってから、古い和歌等を調べてみるが、昔から両方のいい回しがある。そこで今度は「来る」と「なる」を使って文を作ることにする。「平和な時代が来る」「平和な時代になる」、これは両方ＯＫ。次、「車が来る」はＯＫだが、「車になる」は不可。その次、「有名になる」はＯＫだが、「有名が来る」は不可。表にすると一層よく解る。つまり「来る」というのは移動の概念で、「なる」というのは変化の概念なのだ。「車」は移動の概念しか適応できないし、「有名」は変化の概念しか適応できない。「秋」も「時代」も両方の概念で捉え得る。よって「秋が来る」も「秋になる」も両方とも正しい。

師に報告すると、黙ってきいているだけで、正しいともまちがっているとも言わない。だいたいがそんな調子なのである。

私達のクラスの特徴の一つは、夏休み、那須の山の中で、那須合宿と称して、1週間の集中授業が行われたことだ。当時中国語を選択していた学生は革命中国に関心のある人が多く、学生運動に熱心で、教室に顔を見せない人が何人もいた。私も右に倣えだが、私の場合は一丁前の文学青年としての不良行為に忙しかったのだ。

そんな類いの学生でも、この合宿に参加するなら日頃の非礼を大目に見てやるということで、私なども最初はその目的を持って参加した。場所は那須山中の三斗小屋温泉という所で、バスの終点から峠を一つ越えて6キロ歩く。未だ電気もない秘境で、集落は廃村になり旅館2軒だけ残っている。食事は全て自炊で、食べ物や飲み物は、リュックや背負子で運ぶ。

合宿中は朝から晩まで中国語の授業が続くのだが、内容は教室の延長で、やはり自分の頭で考えねばどうにもならないといったものだ。

2年生の合宿の授業の時、何かを読んでいたら「悄」という文字が出てきた。この旁《つくり》の方は肖となっているが、肖のつく字を集めて、その共通の概念を考えようという質問である。

悄・峭・梢・宵・鞘・消などがあるが、一見しただけでは何が共通しているのか解らない。「肖」即ち「小さい月」とは一体何ぞや。何人かの先輩が答えるが、どれも違うなと思う。

私はこういうのには夢中になる癖があって、夕食の後も自主ゼミに出ないで裏山の神社に至る石段に坐って月をながめていた。「小さな月」って何だろう。1時間、2時間、3時間、そしてついに、小さな月というのは欠けて細くなった月で、その先端に焦点が当てられていることに気づいた。三日月は先端にいくほど細くなり、空に消えてゆく姿は梢と同じである。「峭」は山が険しいという意味だが、険しい山は尖っている。「宵」は光線がだんだん細くなっていく。「鞘さや」もその形が似ている。「悄」はひっそりしているという意味だが、これは音が消えている状態。三日月の先から「消える」という概念を抽出したのである。

こうして書けば簡単そうに見えるが、考えがまとまるまでは数日かかった。かようにして私の場合はこの学生時代に、人に教わるより自分で考える方が面白いということを体験し、その習慣がついたのである。

あまりうだつの上がらない中国語教師がこれ程慕われる理由がお解りいただけただろうか。何も教えず、自分の頭で考える面白さと大切さを教えていただいたのです。

この三十三回忌に出席して、同級生や先輩との再会に心動かされることが多かったのだが、一番嬉しかったのはM先輩との再会である。

今からほぼ40年前、大学は全共闘運動で上や下への大騒ぎ。文学青年の私は、そういう動きにあまり馴染めず、内地をしばらく離れようと、北海道へ旅立つ。お金はあまり持たず、働きながらの旅。三文小説のネタを仕入れる魂胆もあった。

青森、函館、小樽と経回《へめぐ》って、札幌に流れ着き、友人の実家に泊めてもらう。そこは北大の近くで、散歩している中に、農学部の農場に足を踏み入れる。そこで変わったワラビを見つけ、さすが北海道のワラビは逞しいと感動したが、実はそれはアスパラというものであった。

校舎でも見学しようと、ぶらぶら人の居る方へ歩いていく。その時、ふと中国文学の研究室を訪ねてやろうと思った。意味はない。道行く学生に場所を尋ね、何の期待もしないで研究室の前まで行って名札を見てびっくりした。M先輩はそこの助手をしていたのだ。小躍りして部屋にころがり込む。ひとしきり話した後、今日はお前の歓迎会だ、二人でジンギスカンを食いに行こうということになり、学校前の小さな店に入った。「おい、ジンギスカンは一人前、ビールは1本だけだぞ」。

M先輩はその頃貧乏だった。若いのに子供が3人だか4人だかいて、家族を九州に残しての単身赴任だった。ジンギスカン一人前、ビール1本の余裕さえなかったはずである。先輩の温情が身に沁みて嬉しかった。

その夜は下宿に泊めてもらうことになったが、これがまたひどい造りで、声は隣につつ抜け。声をひそめて話した。次の日、一緒に学校に行くが、今度は昼食の心配をしてくれる。「こりゃダメだ。札幌を離れよう。温泉場に行って旅館の下働きでもするか」。当てはないが、登別温泉に行こうと思った。その旨を伝えると、千円札を取り出し、持って行けと言う。ラーメン一杯50円、寿司一人前150円、学割で東京―大阪間の運賃730円の時代だ。一般的に見ても結構使い手のある額だが、ましてやM先輩に於てをやである。何てナイーブで優しい人だと思った。今思い出すだけでも胸が熱くなる。一瞬返そうかと考えたが、敢えてもらうことにした。この人に敢えて借りを作ろうと思ったのである。

それから会うたびに、毎度その時のお礼を言っているが、今度もまっ先に御礼を言った。すると「甲斐性のない先輩で申し訳なかった」という答えが返ってきた。熊野に帰って、早速おいしい野菜をどっさり送った。

講談　清水和子

通信前号の「知事選に思う」のことで、当事者の清水和子さんから御礼の電話があった。誰かが清水さんに知らせてくれたらしい。文の内容はほぼあの通りなんだが、事実誤認が少しあるという。「麻野さん、私ネェ、夫とは死別やのうて、別れたんよ。夫が友達の奥さん連れていなくなったんよ」「えっ、そうなんか。それやったら駈け落ちやないか」「それやからねぇ、土建屋は夫ではなくて父の仕事なんよ。残された小さい二人の子供と、建てたばかりの家の借金返すために父の仕事を手伝っていたんだけど、すぐ父が亡くなってしまって、それで跡を継いだんよ。土建屋の借金もあって、それはもう大変だった…」。

その頃清水さんは30代、二人の幼児と借金をかかえ、一瞬にして奈落につき落される。しかし、鉄の意志と鋼の根性を持つ清水さんのこと。めげる間もなく、脚絆に地下足袋姿。粉塵汗にまみれ、男どもを従える。子供達は、古座川《こざがわ》の流れとユンボの機械音を子守歌にして育つ。この時の彼女の奮闘ぶりを見た訳ではないが、その姿を思い描くだけでその崇高さに胸を打たれる。

彼女は串本管内で只一人の女性土建業者であるが、その持ち前の頑張りで、男に伍して全く遜色なく仕事をこなしてきた。それを誇りにも思い、満足もしてきた。

しかし自然環境を無視した工法や、公共事業の政策立案そのものに住民の視点が欠落していることに対し、いつしか疑問を抱くようになった。そしてまた政策立案過程の住民不在と、自然環境を無視した工法とは連動していることに気づき、住民の意見が反映されるシステム作りが必要だと考えるようになる。

清水さんは、教育・福祉にも関心が深い。母子家庭で苦労して子供を育てたという経験が、子供や老人を見る目を暖かくする。自宅を解放して、子供や高齢者がともに学び触れ合う場所作りをしてきたが、このような試みを地域に広げ、学校の空教室や空屋を利用して、教育・福祉の実践の場にしたいと考えている。今は田舎といえど、大家族はめったになく、地域で一つの大家族になるというような発想も必要ではないだろうか。

清水さんに電話をもらってからすぐ、勝浦の後援会事務所を訪れた。そこでまた電話の続きの話をたっぷり聞かせてもらったのであるが、その間、ずっと彼女の横に一人の青年がいた。最初息子さんかと思ったが、話を聞いてみるとネパール人であった。清水さんがお母さん役をして、日本で色々見聞を広めているのだそうだ。ネパールだけでなく、世界各地に息子や娘がいるらしい。地域の人達を家族と考えるだけでなく、遠い外国の人も家族と考え得る想像力とやさしさが清水さんにはある。

貧しい地下足袋カァチャンとして、社会を弱い人々の立場から見つめる目を、育ちの良さからくる心のゆとりがうまくフォローし、清水さんの視界を豊かにしている。生活に根を下ろし、地域に密着しながらも、偏狭になることなく、絶えず外界に吹く風を感じとり、風のもたらす情報を活動の中に織り込んでいく。

しかし、政治家としての彼女を輝かしめているのは、何といっても焼却炉を巡る談合の実態をあばき、40億円の見積もり価格を8億3700万円にせしめた手腕である。

彼女の第一の魅力は、強い信念に裏付けされた、その非力を省みない行動力である。だが、「非力」とて、知恵と粘りがあれば、ついには多数の人々を巻き込み、「真の力」に成長する。焼却炉問題では清水さんは立派にそれを証明して見せてくれた。彼女は4月の県会議員選挙に立候補する。

後援会活動もボランティア、手作りである。色んな人からの励ましや応援がある。しかしそこには、利権がらみなど一切ない。名もなく、力もない人の「正義」を熱望する思いだけがある。

『清水さん、ガンバッてやぁ』

政治の薄汚なさの中で、清水さんは断然光っている。県政のていたらくのおかげで、かえって市民派・住民派の彼女が活躍できるような土壌が生まれているのだ。住民を味方につけ、県政に新風を吹きこんでほしい。

カットバセー
カットバセー
し・み・ず!!

２００７年初秋

食糧危機など怖くない!?

相当やばいですよ

百姓は土ばかり見ている訳でない。天象を気にして、いつも空を見ている。空模様を無視して百姓は成り立たない。農業は工業のように、気象や環境の変化を考慮しないでできる程、能天気（NO天気）なものでない。工業優先の時代になって、人間も社会も随分鈍感になったと思うが、外界との相関関係の土俵で勝負している私達百姓は、そんな真似をしていたらオマンマ食いあげである。そういう百姓の感性で言うと、「みなさん、相当やばくなってきてますよ」ということになる。

気象庁も、今年は今までの範ちゅうに入らない程、気象の予測がつかないようだ。サツマイモの定植をする時期、５月中旬から６月中旬にかけて、特に週間予報に注意を払うが、今年はことごとくはずれ、芋苗は受難続きだ。

そればかりではない。春は異常ともいえる強い風が、ひんぱんに吹き荒れた。それに寒暖の差が激しいし、気まぐれ極まりない。冬から春先にかけて暖かく、桜の開花が近づくにつれて寒くなり、6月に入っても、朝晩暖が恋しくなる程冷える。樹木や草木たちは、カラーテレビの前のカメレオンみたいに、どう対応したらいいのか、混乱し放しである。

脳裡に〝食糧危機〟の四文字がチラつく。このことについては過去何回も言ったり、書いたりしてきたが、いよいよ狼がやってくる、と百姓の羅針盤が反応する。

世界の食糧情勢も楽観できない

このままいけば、地球が、世界が大変ことになるという危機感は、誰でももっていると思うが、私はこれまでも、まずそれが食糧危機という形で現われると考えてきた。

最近石油の高騰で、バイオ燃料が注目されている。バイオ燃料は大気中の二酸化炭素を吸収した植物そのものであり、燃焼してももともと大気中に存在した以上の二酸化炭素を発生させることはない、という理由で救世主扱いだが、果たしてどうであろうか。

バイオ燃料は食糧を燃料にしようというのであるから、その分食糧が減るということだ。世界の主要国がバイオ燃料を増やしていく姿勢を示しているので、食糧需給は年々厳しくなっていくだろう。

その上、超人口大国の中国とインドの経済発展が食の贅沢化をもたらし、食肉生産のための穀類の需要が急激な伸びを示している。このような世界の趨勢の中で、世界的規模の気候の異変が起きたらどうなるか、火を見るより明らかだ。

もしそうなった時、金に飽かせて世界中から食糧を買い求めることは止めたい。その皺《しわ》寄せは必ず貧しい国の人たちにゆき、何人もの人の命を奪うことになる。貧しい国の食糧を奪うことなく、この列島の中だけでまかなえないだろうか。それが可能であることを、これから読者諸氏に示したいと思う。

一人当たり70キロ

自給率がピーク（穀物自給率82パーセント、主食自給率89パーセント、総合自給率79パーセント）だった1960（昭和35）年には、日本の耕地面積は607万ヘクタールあった。しかし、2004年では471・4（単位：万ヘクタール）。その内、水田は257・5、畑は213・9である。人口は1億2686万人。水田面積を人口で割ると、一人当たりの水田面積になるが、これが約2畝《せ》（60坪）である。現在の反収は約500キロなので、これを2畝に換算すると100キロになる。

しかし食糧危機ともなると、日本も異常気象に巻きこまれているかもしれないし、石油の確保もむずかしくなっているかもしれない。そこで反収を、55年体制のできた1955（昭和30）年に戻してみる。

この年は戦後の混乱から立ち直り、農民の創意工夫による技術が花開いた年であるが、機械化、水利改良、基盤整備、農薬の多投はまだ一般的でなかった。この年の反収は350キロである。一人当たりにすると、70キロとなる。因みに現在一人当たりの年間消費量は60キロ余りだが、今はパン、ラーメン、うどんにあり余る副食があり、全く参考にならない。ここでは、あくまで主食は玄米70キロのみとする。

一日200グラム

70キロを1年で食べるとすると、1日200グラム弱となる。炊くと普通の大きさの茶碗で4杯分くらいだろうか。副食は豆腐、納豆に野菜類、海藻類、小魚を中心にした若干の魚類である。これなら日本列島の中だけで自給可能である。食糧危機に及んで肉を食べたい等というのは論外。1キロの牛肉を生産するのに、6キロの穀類が要るというのだから不経済もはなはだしい。ギリギリの食糧しかない時、肉食は間接的な殺人になり得る。

ただ一つ気がかりなのは、大豆の現在の自給率が4%と極端に低いことである。しかしこれは全畑113・9ヘクタール（普通畑16・9、牧草地63・5、果樹園33・5）のうちの牧草地を大豆畑にし、昔のように田の畝に大豆を植える（あぜまめの復活）ことによって解決可能となる。それに現在は大豆需要量の76%が食用油に使われているので、油の消費を制限すれば、もっと楽にクリアできる。

もう一度、1日200グラムの米の話に戻すとこれは戦中、戦後の配給米よりまだ少ないのである。配給米は1日2合1勺、メートル法に直すと、315グラムである。それでも何故闇物資なしにやっていけなかったのか。二つ三つ理由がある。

一つは戦争が激化する程、混ぜ物（小麦粉、芋類、大豆、高粱、トウロモコシ等）が多くなってくるし、品質も悪くなってき、遅配もひんぱんに起るようになったことなどである。

二つ目は、副食もなかなか手に入らなかったことである。
三つ目は、政府が閣議決定までし、玄米食を奨励したにもかかわらず、国民全般は玄米食を嫌悪し、あるいは敬遠したことである。それにもし、玄米を食べている人がいたとしても、普通の家庭は圧力釜がある訳でなし、玄米の正しい食べ方を身につけている訳でなし、白米と同じように食べ、たいてい未消化のまま排泄していた。

玄米で少食

ここで私が言いたいのは、たとえ1日200グラムの米であっても、精米しないで玄米のまま食べれば（圧力釜がなければ発芽玄米にして炊けばよい）少しの副食で栄養不足になることはない、ということである。その代わり50回以上噛み、唾液とよく混ぜなければならない。胃の弱い人は、玄米の粉にして水を入れて熱を通し、クリーム状にして食べてもいい。玄米クリームは頗《すこぶ》る消化がよい。

私の師匠である八尾の甲田光雄先生の少食メニューの一例を紹介すると、

一、朝食を抜いて、その代わりに生野菜（5種類）の汁1合を飲む。なお、夕食にもう1回飲む

二、生水と茶（柿茶）を1日6〜8合飲む

三、昼食：玄米飯（玄米5勺）、豆腐2分の1丁（200グラム）絹こしゴマ10グラムとコンブ粉少々

四、夕食：昼食メニューにもう一皿（野菜・海藻・根菜・小魚から選ぶ）

これで1日約1200キロカロリーとなるが、けっして栄養失調になることはない。それどころか内臓の負担が軽くなり、身体はみちがえるほど快調になる。最初はやせてくるが、数キロで止まり、(10キロ以上やせるようだったら、医者に診てもらった方がよい)その食事に慣れてくると、体重は少し回復し、丁度いい所に落ち着く。

1200キロカロリーといえば、女性の基礎代謝量と同じだが、それで動けないどころか、身体は軽やかに動くのである。修行僧もこれに毛の生えたような食事量で頑健そのものである。現代栄養学はいい加減この辺で目を醒まし、謙虚にその事実を見つめるべきだろう。人間は自分が思い込んでいるよりも、はるかに少ない食事量で健康に生きられるのである。

飽食の時代は玄米が合う

さて、話は少し前に戻るが、戦中、栄養不足を憂慮して政府が玄米食を勧めたにも関わらず、何故人々はソッポを向いたのであろう。

それは国民に飽食の経験がなかったからだ。白米と玄米を食べくらべてみると、〝悪貨は良貨を駆逐する〟のたとえ通り、玄米は口当たりのいい白米に負けてしまう。銀シャリはやはり妖しく魅力的である。それを負かすためには、国が豊かになり、飽食を通過しなければ無理なのだ。

十数年前、フィリピンで一番貧しいと言われる島、ネグロス島へ行ったことがある。ある村を訪れると、共有の精米機をみんなで利用していた。その側で話をきいたのだが、貧しくて三食食えないという。副食も殆んどない。それでも白米が食べたい、否、そうだからこそ、尚白米が食べたい。

白い秋風の
贈りもの

貧しい人にとって白米は豊かさの象徴なのだ。おそるおそる玄米食を勧めたが、予想通りきき入れてもらえなかった。

しかし我々は高度成長期以来、飽食の時代をもう40年以上も経験し、食えないで病気になった時代ではなく、食い過ぎて病気になる時代に生きている。食えないで病気になる時代には、いくらでも腹に入る白米に憧れるが、食い過ぎて病気になる時代には、頬張って食えない玄米がふさわしい。これは自然な生理なのであり、自然な食餌行動といえる。

これを私流の陰陽論でいうと、貧しい時代は物がないからそれを収縮と見なし〝陽〟とする。白米は白で膨張するから〝陰〟。従って陰陽のバランスを考えた時、貧しい時代は白米を求める。飽食の時代は逆に膨張で〝陰〟。その場合は黒くて締まる〝陽〟の玄米が合う、ということなのだ。

食糧危機を福音とせよ

以上で私の言いたいことは終わるが、今一度要点を整理すると、食糧危機が来ても、外国に頼ることなく、この日本列島の中だけで食糧をまかなうことができる。ただし条件があって、

一、玄米食にすること
二、少食にすること
三、肉食をやめること

この3点さえ守れば、食糧自給率40%の日本であっても、1億2700万人、一人の餓死者を出すことなく、自力でこの困難を乗り切ることができる。

そればかりか飽食によって起る大半の病気は影を潜め、健康大国日本になることはまちがいない。食糧危機はその対処によっては、このように福音をもたらすこともあるが、何の工夫もなくエゴをむき出しにすると、阿鼻叫喚《あびきょうかん》の世界を現出させてしまう。

日本は金で他国の物を奪うことなく、瑞穂の国の生産物だけを分け合い、その範を世界に示したい。私は農の現場に33年いて、それに断食や少食の体験をし、このことが可能であると断言できる。いきなり世界を変えることはできないかもしれないが、日本は変われると思う。

最後にもう一つ、私からの提案だが、日本人ひとりに与えられた、水田2畝を一度作ってみませんか。そこから果たして70キロの玄米が穫れるのか。そして1日200グラムの玄米と少量の副食でやっていけるのか。1週間でもいい、試してみませんか。きっと新しい世界が開けると思いますよ。

それから言い忘れたが、育ち盛りの青少年には、裏作の麦もあるので、おまけとしてパンやうどんも食べさせてあげてはどうだろう。

瓜生さんのセミナーを開催して…

5月下旬、出会いの里で快療法の瓜生良介さんのセミナーを開いた。たっぷり3日間、朝から晩まで実技やら講義やらに参加して、六十の手習いをさせてもらった瓜生さんとのつき合いは、もう20年になるが、こういう形で勉強したのは初めてである。

まず印象的だったのは、十数人の参加者のうちガンの人が二人居たが、言われなければ全くわからない程、元気そうに見えたことである。この人達はすでに快療法を始めていて、その効果を体験しつつあったのだろう。後で二人に聞いてみたら、二人とも病気になった因を自覚していた。病気を一つの縁と考え、生活の軌道修正や人生の見直しを楽しんでいるようにさえ見えた。

病というものを全て一緒くたにすることはできないが、いわゆる生活習慣病（脳血管病、心血管病、ガン、糖尿病、肥満症、高脂血症など）は、考えられている程むずかしい病気ではない。生活習慣をそのままにして病気を治そうとするからやっかいなのである。病の程度があるレベルまでなら、生活習慣を変えることによって、現象的には病が消えてしまうことが多々ある。しかし気をつけなければならないのは、本当になくなったのではなく、素因は残されているので、誘因の光を当てると突然像は浮かび上がってくる。それ故、治ったように見えても、生活習慣を元に戻すのは禁物である。

現代医療が生活習慣病に無力なのは、それが生活習慣病だからである。そんな当たり前のことと思うかもしれないが、医者も患者もこのことを本当に解っているとは思えない。薬や注射、手術は原則的には、外傷を含め急性のものにしか効かない。そのことに気づいた患者は医者や病院に頼ることを止める。それでもう病気は半分克服したようなものである。

私もその一人で、3年前に心筋梗塞で倒れた。仕事はずっと農業なので、これまでの食事内容は決して悪くなかったが、食い過ぎのきらいがあった。それに若い頃から酒は殆んど一日も欠かすことなく夜遅くまで飲み、ツマミも決して健康的なものではなかった。酒ほどではないが、煙草もたしなんだ。

20年程前から心臓に異変を覚えていたが、生活習慣を改めることもなく、とうとうあの恐ろしい発作に襲われた。カテーテルの手術を受け、それから4カ月ほど現代医療の治療（つまり服薬）を続けていたが、結果的には八尾の甲田先生の勧めもあり、薬は全て棄てて、生活習慣を改めることにしたのである。

酒・煙草は既に数年前から止めていたが、それプラス、朝食抜きの1日2食とし、副食は野菜、海藻、豆類、時に卵か魚。時々脱線するがまあ許される範囲。農作業以外、適当な散歩もし、夜ふかしはしない。何事にも感謝し、人に優しく穏やかに暮らすよう心がけている（別に病気を治すためではない）。最近では少しずつ回復し、仕事には全く差し支えることがなくなった。

以上が私の体験であるが、心筋梗塞など最も単純な病気で、玄米の少食（西洋医学流の食事療法ではダメ）と適度の歩行運動で、病気を抱えたままでも天寿を完うできるのではなかろうか。

昨今国民病と言われる糖尿病も、現代人の日常生活に対する自覚さえあれば、何でもない病気だ。今の日本は食べ物があり余っていて、普通に食べていると必ず食べ過ぎになる。にもかかわらず、人類には近代まで飽食や過食の経験がないので、身体にはその備えがない。それを知った上で、やはり糖尿病の人も少食にすることだ。

そして運動不足。人類はついこの間まで何処へ行くにも自分の足で歩いてきたが、今や1日5000歩。戦前で2万歩。江戸時代はもっと歩いた。歩きと少食でこの病気も簡単に克服できる。

こんな単純な病気に大騒ぎしているのは、生活をそのままにして手っ取り早く医者に治してもらおうなどというスケベエ根性があるからだ。

ガン等は心筋梗塞や糖尿病に比べ、多少複雑かもしれないが、瓜生さんは自分の臨床体験からさほど難しい病気ではないと言うし、私もそう思う。新潟大の安保徹先生や瓜生さんが言っているのは、原因が四つで、①忙し過ぎ、②気の使い過ぎ、③食べ過ぎ、④飲み過ぎ、ということだが、この他に⑤冷し過ぎ、というのもあるのではないか。

昔に比べ、冷蔵庫や冷房設備の完備、冷えた食品の氾濫などによって身体を冷やしている人が非常に多い。日本免疫病治療研究会会長の西原克成先生は、冷たい水分の取り過ぎは免疫力を弱める最大の原因だと言っている。快療法ではアイロンを使って、胸線、肝臓、小腸、脾臓、腎臓、仙骨などを暖める。

ガンの原因で他に気づくのは、心との相関関係が他の病気よりも大きいように思うことだ。心筋梗塞などに比べ、ガンの方がウェットでデリケートな病気なのではないか。どんな病気でも多かれ少なかれそうなのだが、ガンになったら特に、心の持ち方、心の感じ方を反省し、人生丸ごと変える程の思い切った行動が必要なのかもしれない。

病気は必ず自覚すべき原因があり、方法論さえ誤らなければ、たいてい克服できるものである。伝染病や食中毒など病原菌によるもの、その他の急性病、それに交通事故などによる外傷は現代医療の得意分野である。残されたのは、生活習慣病、遺伝病、自己免疫疾患などであるが、これらは現代医療では歯が立たない。

このうち生活習慣病は元来本人が責任をとるべきもので、応急処置は仕方ないとしても、それを医者や病院に任せること自体間違っている。現代医療の守護範囲はそれ自体完遂している訳で、問題は現代医療の方にではなく、病人自身の問題、本人の心や魂の問題なのである。ガン治療がいくら進んでも、医療によってガンが克服されることはあり得ないのだ。そのことが解らない限り、病人はまちがった生き方とまちがった治療で苦しみ続けることになる。

私達はそういうことはやめて、食事を正し、身体のゆがみや冷えを治し、心や魂を大切に扱うことによって、心身魂ともに気持ちよくなろう、という訳だ。それが私の考える快療法である。

心身魂ともに心地よくなるというのは、病気なくしの大道であると思う。

大斎原と元気な熊野

大斎原に神を感じる

本宮大社《ほんぐうたいしゃ》を訪れる人は多いが、本社よりわずか５００メートルの大斎原《おおゆのはら》まで足をのばす人は少ない。大斎原というのは、もともと本宮大社があった旧宮で、１８８９（明治22）年の大水害で大部分流され、現在の地に移転を余議なくされたのである。

今の大斎原は地続きになっているが、当時は本流の熊野川と支流の音無川《おとなしがわ》、岩田川《いわたがわ》に囲まれた中洲にあり、浄めの意味もあって川を歩いて渡り、お参りした。社殿の流出によって主な神様は引っ越しされたが、ここに祀られている神様、仏様も沢山おられる。

日本一という大鳥居をくぐり、清澄な空気の杉木立を行くと、立派な建物こそないが、何やら神の気配が感じられるのである。私よりもっと霊気に敏感な人は、霊気が皮膚にシャワーの様に当たるという。

これは、今は亡き友人の鈴木末広君の話だが、彼が世話役になり、山本玄峰老師の劇を大斎原で催した時、それも無事終わり、真暗な闇の中で大斎原の神様に成功の報告と御礼を言ったそうだ。その御祈りが終ったとたん、それまでの静寂の深さを知らせるかのように、一斎に虫が鳴き出した。彼は感動して、「ああ、やっぱり神様はいるんだ」と思ったという。

もう一人、これも私の友人だが、菅野芳秀君の体験。数年前の熊野出会いの会の前日、二人で大斎原へ行った。桜が満開で草の上に座って、しばらく刻《とき》の流れに身を任せていた。桜の向こうは真青な空で、ウグイスの声が響く。

すると突然、「気がついたかい」と話しかけられる。「何が」ときくと、「オレ今、泣いていたんだ」。友情に篤い彼は、私が熊野という自身にふさわしい活動の舞台を得たことを心から喜んでくれ、そのことを思っていたら涙がこみあげてきたのだそうだ。不思議な気持ちになったという。私は自分の倍ほどもある190センチの大男の涙姿を茶化さずに、しんみりし、菅野の純粋な心が大斎原の神様に感応したんだと思った。かようにして私は、現在の本宮大社より旧宮の方に神の存在を感じているのである。

熊野川は偉大な川

本宮大社の御神体は一説によると、大斎原にあったイチイガシの巨木だと言われている。私はそのイチイガシを育んだ熊野川自身だと思っている。

本宮大社が熊野川の中洲にあったというのも、この大河を畏敬し、慰撫《いぶ》するためではなかったのか。その恩恵に感謝し、その力に恭順するという証でなかったのか。そのことと関係して言うと、千年以上も続いたこの旧社が、何故流されてしまったのか。それは明治に入って近代化による急激な森林伐採が大きな因をなしていると思われるが、アニミズム的立場から言えば、そのことが熊野川の怒りに触れたと言えるのだろう。

しかしその教訓が生かされるどころか、山は益々荒れ、ダムの影響もあって、熊野川に昔日の面影は全くない。流域は年間平均降雨量２８００ミリという日本一の多雨地帯であるのに、特に大斎原の辺りは砂の堆積ばかりが目立つ、砂漠みたいな川になっている。

私の知っている熊野川はそんな情けない川でない。その支流はどんな奥深い森の中まで浸透し、大地の襞《ひだ》という襞を潤し、紀伊山地の歴史と栄光をその豊かな水に溶かしこんでいる。何千とある滝はその瀑布《ばくふ》によって、神秘を湛えた清らかな空気を生み、光を照り返す照葉樹林と共に、熊野独特のトーンを醸し出す。

そればかりか、熊野川は海には山の気を降ろし、山には海の気を運ぶ。熊野川によって海と山が一体となり、その壮大な媾合《こうごう》から生み出されたエネルギーは、熊野の気を霊的なものにまで高め、多くの人を熊野詣でへと誘うのである。

そしてこの偉大な熊野川の子宮とも言える大斎原は、歴史的・文化的視点から見ても、実利的観光資源と見ても、もっとクローズアップされるべき存在なのである。

熊野詣では大斎原から

熊野詣では原点に立ち戻って、まず大斎原から始めたい。現在のように観光バスを本宮大社の階段の下に停めるのではなく、大斎原の敷地の手前に駐車場を作る。参詣人はここで車を降り、まず大斎原に御参りし、然る後、御幸道《ごこうみち》を通って本宮大社へと向かう。

この幅三メートルの御幸道こそ、本宮復活、熊野復活の成否を分ける重要な空間なのである。人が長閑に歩ける道幅は車がゆったり走れる程あってはならない。自分の五感の中に納められる程の狭さがいいのである。御幸道の道幅はそれにピッタリ。道の両側にお店があれば、それをひやかして通る。両側の店を覗ける道幅。

そこでまず茶店を出したい。広重や北斎の錦絵に出てくるような江戸風の茶店。参詣人が茶店の床几《しょうぎ》に腰を下ろし、しばしの間、江戸の旅人になった気分味わう。品書きには、ダンゴ三文、甘酒五文、釜もち七文、などと書かれている。相手するのは、白髪混りのおばあさんでもいいが、姉さ被りのミス本宮なら客はもっと喜ぶかもしれない。

川原屋と御幸道

御幸道の建造物は基礎のある安定したものでなく、いつでも解体可能な川原屋がいいだろう。川原屋というのは、川の交通が盛んであった往時、熊野川の河口、速玉《はやたま》大社の前辺りに沢山あったもので、間口三間、奥行二間の組立式の家である。

大水が出た時、30分程で解体できる便利なもので、まさに神出鬼没、一瞬にして街が消え、水が引くとまた出現した。明治の最盛期には200軒ぐらいあったらしい。宿屋、銭湯、床屋、飯屋、米屋、雑貨屋、鍛冶屋と何でも揃っていて、舟客や渡し船頭、筏師などで賑わっていた。

川原屋は人が自然と共存し、どんな小さな囁きにも耳を傾けていた頃の象徴で、大斎原を盛り立てるのには格好の役者ではなかろうか。現実的にも、数年に一度、御幸道は大水の被害に遭うので、川原屋を利用するというのは理に適っている。

このようにして、御幸道に川原屋が2軒、3軒と増えてゆく時、注意すべきは、あくまで時代調にこだわることである。人の心を温かくし、安らぎを与えてくれるのは、けっしてコンクリートで固められた人工的風物ではなく、手作りの香りの残る時代的風景なのだ。その演出に使う素材は、木、布、土、紙とし、特に人の目につく所には、プラスチックやトタンの類は使わない。

接客は、「熊野はいと良き所」と、詣で人から感嘆の声が上る程心を尽くし、熊野こそ〝癒しのメッカ〟であることを体験納得してもらう。旅人は束の間、この時代調の異空間ゾーンで生命の洗濯をし、熊野詣でを一層心豊かなものにする。旧宮と新宮は、この御幸道によって一体化し、この郷愁の小道は観光のスポットとなる。

川の道復活

ここまでくると、川の道の復活がなければ画龍点睛を欠くことになる。熊野川に本来の水量があった頃、かつての詣で人は、大斎原から新宮まで舟で下った。とりあえずは当局にダムの放流を促し、舟が出る日は水量を確保する。

しかし、舟下り復活の抜本的解決法は、やはり100年かけて森を作り直すことだ。明治22年の大水害は、天災であると同時に人災であった。豊かな森は、コンクリートのダムよりもはるかにソフトな天然のダムである。大斎原の受難の意味を思い出し、その教訓を未来に生かすためにも、大斎原に人々の足がもっと向かねばならない。そのために、社殿のある現在の本宮大社と旧宮である大斎原と一体で、本宮大社とすることを提言したい。この二つの宮を結ぶのが、御幸道であり、川原屋である。

そしてまた、この一体化された本宮大社に生命のエネルギーを注ぎ込んでいるのが熊野川であり、その熊野川を育み生かし続けているのが紀の国（木の国）の森たちなのだ。

そういう図式をはっきり頭に描けば、二つの宮をつなぐ御幸道の茶店で休憩して、大斎原から舟で新宮まで下れるようになることが、熊野をどれ程元気にすることか、お解りいただけるだろう。

2007～8年冬

今日のお客様　3編

出会いの里に居ると色んな人の訪問を受けますが、最近印象に残った「出会い」を紹介しましょう。

その①　君の幸せは僕の幸せ

川湯温泉の仙人風呂が始まっていたので、あれは11月初旬。仙人風呂の前のペンションに卵を売りに行った時のこと。若い外国の女性が二人、朝食を摂っている。店の主人の栗栖さんが、「あの娘《こ》たちはベジタリアンなんだ」と教えてくれました。「ベジタリアン」ときいて興味が湧く。だって私は35年も百姓、それも野菜作りを専門にやってきたのですから。

「どうしよう。ちょっと話しかけてみようか。いやいや今は里芋掘りと卵売りで、てんてこ舞い。そんな余裕のあったものでない」

そう思うものの、何か胸騒ぎがする。不遜にも、このまま私と知り合わないでいることが、あの娘達にとっても、熊野にとっても、日本にとっても、大いなる損失になると思ったのです。

「里芋掘りや卵売りなんてどうにでもなる。でも、この機会は今しかない」

思うや否や、二人の席に直進。「君たち、ベジタリアンなんだって？　オレもそうなんだ」などと話しかけていました。「ヘエー」と言って驚いた様子。小生、ベジタリアンなんていうのは嘘、といっても普段肉は食べないので（もらえば食べる）、真っ赤な嘘という訳ではない。

自慢の卵を割ってみせて、「どう、いい卵だろう。生で飲まないか」と言って勧める。片方の娘が挑戦しようと、何度も口の所まで持っていくが、口の中に入らない。「もういい、いい」と仕草で示し、皿を受け取りツルッと飲みこむ。我ながら、「おお何と生命力あふれた卵よ」と思う。

そんなことをしながら、「どこから来たの」とか、「何やってるの」とか、月並みな質問。やりとりは全て英語だが、中学1、2年生程度のもの。それでもなかなか単語が出てこない。おまけに聞く方は全くダメ。まだテープレコーダーのない、「ジスイズアペン」の世代だから、本場の発音でしゃべられると、何度も「エッ!?」。

ついに筆談。耳は役立たずだが、文字なら解る。彼女らはカリフォルニアのサンタモニカ出身で、一人は歌手、一人は絵描き。歌手の女性は、「ザ・バード・アンド・ザ・ビー」というグループに属していて、日本での公演を終え、熊野をちょっと覗きに来た、ということらしい。

二人はオモロイおっさんやと思ったのか、だんだんうちとけてくる。当方も今日一日をこの遠方からの客人のために捧げようと心に決めている。

「うちに来ないか」と誘うと、ニッコリ笑って「イエス」。軽トラの荷台にという訳にいかないので、二人は栗栖さんの乗用車で出会いの里へ。玄関の横にピースポールが建っている。「世界人類が平和でありますように」反対側に、「May Peace Prevail On Earth」と書かれている。

二人の前で、それを大きな声で発音する。

二人は、「わかりました」というように、はにかみ笑いする。

しばらく雑談して、彼らの今日の予定であった古道歩きに同行することになる。語り部の嵭《さこ》さんに電話して応援を頼む。あまり時間がなかったので、ほんのさわりだけ歩き、往時の雰囲気を味わってもらう。しかし、あの道沿いの若い杉では、古い熊野の歴史を彷彿させる力はない。

私の英語力では二人に伝えることはできなかったが、「百年後の熊野に来て下さい。世界遺産にふさわしい熊野になっていることでしょう。世界遺産の栄誉は、今の熊野ではなく未来の熊野に与えられたもので、それは過去に蓄積されたお宝を未来に蘇らせるための励ましの賞なのです。そしてそれは熊野が真の蘇えりの地として、世界に雄飛するための助走となってくれるでしょう」と、言いたかったのです。

古道歩きを終え、そのまま本宮大社に案内。まず手水所で手を清める。二人は素直に従う。上々なすべり出し。ところが社殿の前に立ち、いざ参拝となってポケットを探るが、ノーマネー。仕方なく、おさい銭は客人のサイフの中から。二礼二拍一礼の参拝をおごそかに為し、日本の神様はこうしてお祈りするのだよと彼女達に教える。二人も真剣な面持で手を合わせる。

帰り際、「あっ、そうそう何か記念のお土産を」と思い、干支《えと》のお守りをプレゼントすることにする。聞くと二人とも、１９８１年生まれ。酉《とり》年である。売店で注文し、いざ金を払おうとしてようやく空のポケットを思い出し、嗚呼と溜息。二人はまたサッとサイフを出し、一万円札で私の干支の申《さる》のお守りまで買ってくれたのですよ、ホントにまあ。

今度は御幸道を通って大斎原へ。大斎原は元の本宮大社の跡地で、ここが本当の聖地だと説明する。参拝を済ませ、芝草に腰をおろす。そして突然「ビイ・クワイアット（静かに）ストレイン・ユア・イヤーズ（耳を澄ませて）リッスン・トウ・ザ・サウンド・オブ・ザ・オールドデイズ（いにしえの音をききなさい）」と真顔で言う。忽ち二人は居住まいを正し、目を瞑る。静かに時が流れ、瞑想の中で二人はとっておきの熊野体験。

出会いの里に戻り、また雑談が始まる。そこで気づくのですが、うっかりまだ二人の名前をきいていなかったのです。歌手さんは「私の名はウイロー」と言って、柳の絵を描いてウイローの意味を教えてくれました。日本では柳ときくと、すぐ幽霊を連想するがそのことには触れず、「柳は一見弱そうに見えるが、本当はしなやかで強い」と言うと、彼女は、「私はその反対」と笑いました。もう一人の絵描きさんの名はタリア。これはブルーム（花が咲く）と同じ意味だそうです。そこで私は二人に日本の名前をつけてあげました。「ジャパニーズ・ネイム・君は柳子ちゃん、君は咲子ちゃん」。

一段落して遅い昼食。出会いの里の米や野菜や卵、それに海藻、豆腐、我が家の日常の食事です。豆腐を知っているか、ときくと、毎日食べているということでした。梅干しを勧めると、ウィローは梅干しを食べた顔になりました。味は知っているが、苦手のようです。ベジタリアンの二人には、我が家の食事は大好評でした。

おなかの次は娯楽。ウイローに歌をおねだりするが、本職の歌手は気易く歌わない。それでは、私めが前座を務めましょう、と往年の名曲、テネシーワルツを歌う。ところがこのスタンダード・ナンバーを若い二人が知らないと言う。言われる前に言っておきますが、私の発音が悪く、その上音痴という訳では断じてない。他に何か、と思うが、私の知っているのはプレスリーやニール・セダカ、ポール・アンカといった1950年代、60年代に活躍した歌手のものばかり、全く世代が違うので、一転して日本の童謡を歌う。私の大好きな「みかんの花咲く丘」と「おぼろ月夜」。歌いながら歌の情景が沸々と浮んできて、外国人の二人にも、その情景を見せてあげたいと強く思った。

さあ前座は終った。いよいよウイローの出番。仕方なく彼女はおあいそで歌ってくれたが、こちらまで恥かしくなるほど照れていた。プロの歌は、バンドや照明や舞台があって映えるもので、気易く頼むべきでなかったと反省した。来年の日本公演は、チケットを買ってききにゆくぞ。

いっぱいいっぱい二人と心を通わしたが、一日の終わりが近づいてきた。「こんなに親切にしてもらって、どうして御礼したらいいのでしょう」「何もしなくていい。君達が嬉しかったら、私達も嬉しい。君達が幸せなら、私達も幸せなんだ」。

それをきいて二人は大感激。それを見てこちらは大満足。日本語でならとても言えないようなクサイ台詞を臆面もなく言えるのも、外国語だからこそ。外国語を使うのは不自由だが、日本文化の縛りからスルッと抜けられる自由さもある。

最後に記念写真を撮ってペンションに送っていく。タリアは部屋に戻りスケッチブックを持って来た。動物の絵が多く、日本の風景が描かれてなかったので、理由を尋ねた。タリアは、「まだ生々し過ぎるの。心のフィルターを通して発酵し、醸成したらね」というような意味のことを言った。

別れ際、ウイローはカリフォルニアの地図の壁掛け、タリアは凝り性のお父さんがフランスから取り寄せたというチョコレートをプレゼントしてくれた。最後に二人と熱いハグをしてペンションを後にする。

壁掛けはそれ以来、本家の居間に掛っている。二人はここで育ち、ここに住んでいるんだと思う。ブッシュのアメリカは兇暴だが、タリアとウイローのアメリカは優しい。私にとってカリフォルニアはグレープフルーツの生産地から、あの娘たちの住む土地になった。サンタモニカで、彼女たちは買い物をしたり、食事をしたりしている。カリフォルニアもサンタモニカも平版な地図から立ち上り、具体的なイメージを持って、それを見たり、感じたりするようになった。彼女達にとって、熊野や日本がそうなっただろうか。国の枠を越え、人と人が直接触れ合う大切さを、改めて実感している。

その② 最近の若者事情

1カ月かかった里芋掘りがやっと終章にさしかかった頃、龍神村の下山さん（もんぺとくわ…パン屋さん）の紹介で、一人の青年が訪ねてきた。今春東京の美大を出て、これといった定職に就かず、自分探しの旅に出る。四国に渡り、八十八ヶ所を歩いて回る中、知り合いになった人の紹介で、高知の農家でバイトすることになる。そこで半年程度作業の手伝いをし、バイトの金で買った中古のバイクに乗り、埼玉の実家に帰るところなのだという。

最近の若者事情をきくと、これがなかなか大変なんですよと言う。若者というのはいつの時代も大変なんだと言ってしまえば身も蓋もないが、商業主義が用意した小さな快楽が手の届く所に沢山あって、日常それなりに面白おかしくやれるが、心の底にある本心は、いつも虚しさと不満を覚えている。「どう生きたらいいのか、大きな目標が欲しい、ロマンが欲しいとあがいている、といったところなんだろう」と、彼の心情を忖度《そんたく》して言うと、「まさにその通り」だと頷いた。

戦争や食うや食わずの体験をした人なら、「贅沢言うな、バチが当たるぞ」と言うだろう。戦争の時代や、貧しい時代に生きた人は、人生を選択する余地がなかったか、ほとんどなかったかである。その頃は、社会や国が人生を強制した。

現代は目に見えない檻に入れられていると言えば言えるかもしれないが、かつての時代よりはるかに自由に人生を選択できる。その分大変なのは当たり前である。それが有難いことと感謝できないのは、人間の性《さが》というやつだが、私はこういう若者が増えていることを歓迎する。貴族や高踏遊民ではなく、庶民が生活の糧ではなく、自分の人生を悩めるなんて素晴らしいじゃないかと思う。それだけ社会が成熟し、社会のキャパが大きくなったのだ。

高度経済成長や経済合理主義は、これまでの生活様式、人間関係、自然環境等を破壊する一方で、このような若者をも生み出した。勤勉な先輩世代の働きによって得た経済的豊かさのお陰で、金や物といったものは、この世を生きるための小道具に過ぎないことを彼らは知っている。それ故、金や物より大切な生命をどう輝やかそうかと、思い悩むのである。

孟子に〝恒産なきものは恒心なし〟という有名な句があるが、これは生活に追われ、今日明日の米のことばかり考えていては、他人のことを思いやることが出来ないということである。人間として一番大切なことは何か、本心を満足させるためにはどうしたらいいのか。そういう若者が増えれば、日本も大きく進化する。

ついでにもう一人の若者を俎上《そじょう》にのせよう。今度は幼児を含めた一家3人の話である。丁度稲刈りの頃、夕方仕事から帰ると、玄関に見知らぬ客がいる。「まあ、上りなさい」と、家に招き入れ話をきく。

さてこの若者、元コンピューターの技師で、田舎暮らし、農的生活がしたくて、仕事をやめて、現在県と企業が共同で主催する農業研修に通っている。間もなく研修が終わるが、終わったらこの辺りで田舎暮らしがしたいという。このことがきっかけで、度々一家で訪ねてくることになる。

その過程で知ったことだが、この家族は家族以外の人間に対してのつき合いがとても不器用である。人間とは人の間と書く如く、人の間で生きるものであり、人の間を学習して人間になっていくものである。

然るに現代の社会では、人の間を学ぶ機会が極端に少ない。地域共同体は崩壊し、子供は両親や教師以外の大人と接する機会もなく、核家族で家には人生経験豊かな年寄りもいない。きょうだいも少なく、おまけに個室まで与えられ、都合の悪いことでもあれば、すぐそこに逃げ込む。食事さえ、一家団らんは夢のまた夢。食べる物も、食べる時間もバラバラである。昔のように、年齢の違う子供が集団で遊ぶこともなく、せいぜい同級生と携帯でのやりとり、ファミコンやパソコン……

機械相手ばかりで、生身の人間とのつき合いの学習機会に見放されたまま、大人になっていく。近代化や高度経済成長がもたらしたひずみは、自然環境ばかりでなく、人と人の間も破壊し、人間というコトバの成り立ちさえ危うくする程の情況を作り出しているのだ。

この人間関係に不器用な小さな家族を見ていて、かなり失われたとはいえ、都会より濃密な人間関係の残っている田舎で暮らすのは並大抵ではないぞと思った。自分の人生を踏み出している点では、前述の美大出の若者より先に進んでいるが、この家族のかかえているハンディは小さくない。

本人が意識しているにせよ、していないにせよ、調和と平衡を求める本性が、コンピューター技師という、人間としてのいびつな境遇から脱出するため、農的生活、田舎暮らしという道を選ばせたのは確かである。その癒しの道は前途多難を予感させるが、案外それは私の杞憂《きゆう》だったということになってほしいと願っている。

２組の若者を通して見えてくるものは、近代化路線と高度経済成長の影響の大きさであり、その功罪である。このことについては何回も言及し、レポートしてきたが、もっともっと本格的に論じなければならない問題だと思っている。

苦労した年寄り達はこの世代を見て、何か事があれば忽ち根をあげ、貧乏に耐えられないと見ているが、私は案外気楽に受け入れると思っている。閉塞的豊かさに飽き飽きし、主体的貧乏、あるいは解放的貧乏を内心望んでいるかもしれないのである。八十八ヶ所巡りや、田舎で自給暮らしをしたい等というのは、その証左である。

一方、人間や自然と疎遠のまま育った彼らの感性を危惧しないではおれない。戦後六十数年、貧乏国日本は経済一辺倒でやってきたが、高度成長突入以来50年、いくら何でもこの辺で、その間に破壊され、無視されてきた文化的側面を総合的に見直すことが急務である。彼らはその失われたものの大きさを本能的に知って、一人旅に出かけてみたり、農や田舎を求めたりするのである。

その③　精霊の使者

夏の終わりの頃「うさと」*の一行3人が、ルーベンさんというネイティブアメリカンのホピ族の人を連れて出会いの里を訪ねてくれました。私は夏はたいてい裸でいますが、ルーベンさんはそんな私を見て、自分のおじさんによく似ていると言ってくれました。

ホピ族は三十程の家系があるのですが、その中で彼は水の家系に属し、「水を守ろう」という運動をしています。毎年居住地のアリゾナからメキシコまで、三千数百キロをリレーしながら走り、キャンペーンするそうです。

彼は数年前、富士山の夢を見、今回日本に着いてすぐ富士山に登り、頂上の火口で富士山の精霊を見たというのです。

私は未だ熊野川の龍神にも出会っていませんが、神々の国である熊野は土地柄そういう話はフリーパスで、すぐに「なるほどなるほど」と耳を傾けました。実際、霧の中から湧き出てくるような山々と毎日対面し、熊野川の流れを見おろしていると、本人は自覚していないだけで、いつも森や川の精霊と話しているのかもしれません。

私はこれまで、ちょっとした神秘体験や数々の不思議な体験をしているのですが、あまり神とか霊とかいったことは考えなかったのです。それが50歳を過ぎた頃からそういう世界にも関心を示す様になり、60歳で五井昌久先生と出会い、神の存在は疑うべくもないと思うようになりました。事実、己れの来し方を振り返ると、自分の意志を超えた見えない力に導かれているのが、はっきり解るのです。

彼の話と私の話は実によく響き合い、とてもその時初めて会った外国の人とは思えませんでした。これは一つは通訳がよかったのです。この通訳の女性の英語はいわゆる達者ではなかったが、相方の考え方や思想をよく理解していて、相手に「心」をちゃんと伝えていたのです。通訳は技術でなくハートだと思いました。

近代が時代遅れのものとして踏みつぶしたり、無視したり、あるいは辺遠へ押しやってきたものの中に、未来の青写真を描く上で欠かせないものがある、というのが二人の共通した認識でした。彼はタイコをたたいて雨乞いの歌を唄ってくれましたが、世界中でそんなことをやれというのではなく、現代社会はその儀式のもっている意味を謙虚に受けとめなければならないということです。20世紀、世界をリードしてきたアメリカ流のやり方の未来には、寒々しい荒涼たる風景しか残されないでしょう。それは具体的な意味においても、抽象的な意味においても、更に心象風景においてもそうなるでしょう。

人類は現在、というより昔から本質的に大きな問題を二つかかえています。一つは他者を信じられないということです。個人と個人でもそういう問題はしょっちゅう起っていますが、これが国と国ということになると、絶対に相手を信用することはありません。外交などというのは、権謀術《けんぼうじゅっ》数《すう》の限りを尽します。疑心暗鬼の腹のさぐり合い。隙あらば相手をたたこう、相手に抜きん出ようと虎視眈々《こしたんたん》。それが高じると戦争ということになります。

もう一つは欲望をコントロールできないことです。欲望をコントロールするより、あくなき欲望を満足させるという路線が近代であったし、それが進歩と考えられ、それを保証したのが科学と資本主義の財力であった訳です。また逆に資本主義の財力は欲望を煽り、その相乗作用が益々深刻な環境破壊を生んできました。

不信と欲望に基づく戦争。欲望の結果の環境破壊。この二つが大きく人類を脅かしています。この危機情況を乗り越えるためには、我々がこの幼いスピリットをもっと高める以外に方法はないと思います。

ある困難な問題にぶつかった場合、その次元の中でいくら考えても解決がつかなかったら、次元を一つあげた視点で考えてみることです。例えば、直線上を一次元しか知らない人が互いに反対方向から歩いて来た時、まん中でぶつかりますが、二次元を知っていれば、簡単に解決がつきます。

肉の身をもった人間同士、いくら話し合い、議論を重ねても、それは常に相対論で終わり、正義同士が、又は平和同士が争いを始めるのがオチです。

人間は法の前で平等であるといいますが、これは胡散《うさん》臭い。本当は神の前で平等なのです。平等というのは横の関係であり、真にそれが機能するためには、縦の関係がなければなりません。縦の関係を成立せしめるのは、法でなく神です。縦を保証する神の存在があって、初めて横糸と縦糸が出会い、本物の布が織られていくのです。人類はこの終末的危機情況に当たって、いよいよ本物の布を織らねばならず、失った神を再び発見しなければなりません。

（ついでに自由について言うと、近代流の自由は底が浅い。これも究極の自由は神との一体化であり、万物との一体化です。己れの存在を大いなるものに真の意味で投げ出し、自分は在りながら消滅し、消滅しながら在る。神の中に、万物の中に溶けてしまう。無になることによって全てになるのです。もう一度言いますが、それこそが究極の自由です）

人類は傲慢過ぎる。この病的傲慢を正すのは、縦糸の存在をはっきり認識することです。ネイティブアメリカンをはじめ、インディオ、アボリジニなど先住民といわれる人達は、縦のしっかりした文化をもっています。人間の未熟さを知り、人間を越えたものの視点で世界を見、感じるということを、この人達から学ばねばならないと思います。神のいない扁平な自由と平等を金料玉条としているだけでは、人類の暴走を止めることはできません。

最後に言っておかなければならないのは、神というのは人間が勝手に作ったものではないんだということです。大いなるもの、グレイトスピリット、サムシンググレイト、名称は何でもいいのですが、宇宙全て、森羅万象には、ある意志が働いて秩序が保たれているというのです。

神に対する誤解が沢山あって、霊能と神を一緒にしている人もいるぐらいなので、神については稿を改めて論じますが、人間の霊性がもっと高まっていけば、理屈抜きで、直感で神の存在を感じとれるようになるでしょう。科学も今のように未熟なうちは神を否定するでしょうが、もっと成熟してくると、神と遭遇するでしょう。その日は遠くないはずです。

翌日、ルーベンさんは那智の滝に出発しましたが、雨乞いのお祈りのせいか、その日は一日中雨でした。尚、蛇足だと思いますが、前日の天気予報は雨でした。

＊うさと
タイの女性たちがまごころ込めて手作りした手紡ぎ、手織り、草木染めの服〝うさと〟

デザイナーはさとううさぶろう氏。今回いらっしゃったのは、うさとの日本人スタッフのご一行

鶏騒動記

鶏を飼い始めて9カ月、卵を産み始めて約3カ月になる。現在めんどりが１７０羽、おんどりが15羽いる。卵は１日１３０個ぐらい産むだろうか。自家用の鶏は子供の頃から飼っていたが、小規模とはいえ、人様に卵を売るための養鶏は初めてである。

野菜作りに比べると、養鶏は比較的単純だが、餌と卵は毎日なので、息つく暇もない。特に卵は買ってくれる相手がいなければ忽ち溜まっていくので、販売に大変なエネルギーを使う。えらいことを始めたと半ば後悔しているが、これには理由《わけ》がある。

現在、出会いの里で農業しているのは、私と市村さん。私が63歳で市村さんは68歳、二人とも口

ートルである。30キロの米袋でさえ、ズシリと重く感じる。

それに出会いの里は広い。管理するだけでも相当な労力が要る。今のままでは早晩立ちいかなくなる。「今のうちに若い子を育てなければ」。それには現金収入が必要だ。そう思って養鶏を始めた。春には農業好きの若い女性がスタッフに加わってくれることになっているが、力仕事や機械操作など若い男性の応援もほしい。

出会いの里も、その存在がボチボチ各地の人に知られるようになり、活動の幅も少しずつ広げつつある。しかし、今のスタッフだけでは限界があり、思っていることの何分の一もできない。

どうか農業の好きな人、出会いの里に興味のある人は名のり出て下さい。スタッフとしてでも研修生としてでも、どちらでもいいです。ここに居れば、興味深い体験が数々できること受け合いです。

さて養鶏だが、私たちの養鶏法は山岸式と中島式をチャンポンにしたようなものであるが、鶏舎は一応中島式である。いわゆる、おんどりを入れた平飼い自然養鶏である。餌は大阪の八尾まで取りに行く。ここで、遺伝子組みかえフリー、ポストハーベストフリーの、コーンと大豆粕、それに魚粉、カキ殻を買う。

その他、糠とオガクズ（森林組合でもらってくる地元産のもの）を醗酵させた醗酵飼料、サツマイモ、里芋、そして緑餌として野草、青野菜をふんだんに与える。冬は野菜が少なくなるので、鶏専用の野菜を作っている。

自然卵の黄身の色は、市販の卵みたいに餌に色粉を混入しないので薄くなりがちだが、私たちの卵の黄身の色は緑餌によって、正真正銘、自然についたものである。

鶏のためにひこばえ刈りもしている。稲刈りの後、二番穂が出て、それがまた実っているのだ。忙しい時は仕事が終わってから、月の光を頼りに鎌を入れる。それを押切りで細かく切って、鶏に与える。穂は主食、わらは緑餌と一石二鳥だ。

鶏の世話は市村さん、私は卵の販売を担当しているが、セールス等、生まれてこの方、したことがない。しかし、背に腹は替えられず、卵をパック詰めして家を出る。目的の家まで行くが、落語のトウナス売り（人のいる所で売り声をかけるのが恥ずかしいので、家のない寂しい所で、おそるおそる、「トウナス」）のように、家の前をぐるぐる回って帰ってくること、しばしば。思いきって家を訪ねても、買って下さいと言えない。それでも相手は気をきかして、「お金を払います」と言ってくれるのに「いいよいいよ」と手を振って、置いてくることもしばしば。最近は少うし厚かましくなり、買って下さいと言えるようになったが、平気という訳にはいかず、心はいつも逃げの体勢に入っている。

私は百姓なので、本物の米、野菜、本物の卵を作ることに専念したい。そして、そういうものを作る自信がある。しかし、その生産物を売るのにいらぬエネルギーを使いたくない、というのが本音である。これからも愛想に欠ける分、いいものを生産、提供しますので、どうぞそれでごかんべんを。

最後にもう一度、私たちを応援してくれる若者が現われますように。

第3章

時には大空を飛んでみよう

2008年初夏

豊穣のムラ

限界集落とは

「限界集落」というコトバを聞いたことがあるでしょうか。集落が共同体として維持、機能できなくなった集落のことを言うそうです。例えば冠婚葬祭ができないとか、道普請ができないとかいうことです。集落としてはあまり有難くない名前ですが、その深刻さが伝わってきます。集落によってその差異はあるでしょうが、目安として65歳以上の人が、住民の50パーセントを超える集落のことを指します。

さて我が町本宮《ほんぐう》ですが、2007年3月30日現在、人口3654人、うち65歳以上の高齢化率41・9パーセントと、集落どころか町全体が限界行政区になりつつあります。

本宮町には集落が33、そのうち三越《みこし》、一本杉《いっぽんすぎ》、上切原《かみきりばら》、切畑《きりはた》、土河屋《つちごや》、曲川《まがりがわ》、桧葉《ひば》、大瀬《おおせ》、耳《みみ》打《うち》、上大野《かみおおの》、東和田《ひがしわだ》、静川《しずかわ》、蓑尾谷《みのおだに》、と13の集落が限界集落になっています。既に消えてしまった集落も二つ（平治川《へいじがわ》、津荷谷《つがだに》）あります。私の住む高山も48・７パーセントと、崖っぷちに立たされています。

　こういう集落が全国にいくつあるかと言えば、２００６年4月時点で、７８７８もあり、そのうち２６４１の集落は消滅の可能性が強いということです。

我が限界集落体験

　私は本宮に落ちつく前、すさみ町の旧佐本村に3年いました。ここはムラ全体が老人ばかりで、小学生も10人に満たず、学校の存続が危ぶまれていました。入植に際して、地元の人に近所を案内してもらっている時、「あしこの若い衆、この間還暦の祝いしやったで」というのを聞いて、「えらい所へ来た」と思いました。

　私は深谷《ふかたに》という一番奥の集落の、その一番奥の家に住むことになりました。その小さな家は背の高い草に被《おお》われて、まさに埴生《はにゅう》の宿の趣がありました。一部屋は床が抜けていたので、土間にし、そこを囲炉裏代わりにしました。

　水は５００メートル程離れた山の湧き水から引いてくるのですが、これは前住者が敷設したパイプがまだ機能していて、数カ所修繕するだけでそのまま使えました。しかし大雨が降ると取水口に砂が詰まったり、ある時はイノシシが蹴とばして接ぎ目がはずれたりで、水源へは何十回となく通いました。水の止まった原因が見つけられなくて、前の川で茶碗を洗ったこともありました。

文明暮らしとちがうのは、水ばかりではなくトイレもです。汲み取り式なので、自分で処理しなければなりません。何十年振りで肥えたごを担ぎました。その時書いた詩があります。

今日は日和もいいことだし
朝から肥くみ
肥溜めの蓋をとる
おお豊穣
柄杓をさしこみ
そろりと手前にひき寄せ
こぼれないように
肥桶にあける
二つの桶が七分目になったら
朸《おうご》に紐を通して
ぐっと腰に力を入れる
朸がしなる
大きな穴が二十四カ所
まんべんなく穴に撒く
土で埋め戻して

カボチャの苗を植える
邪魔者扱いされるより
カボチャを育てるウンコは
幸せだ
誇り高きウンコに乾盃
今日の晩酌は格別に旨い

山暮らしを始めて2、3カ月経った頃、夜中に雷が鳴って停電。1時間しても、2時間してもそのまま。暗闇の中で考えました。そういえば、昭和の20年代、子供の頃、よく停電したなあと思いました。しかし今は、町場ではそんなことはめったにありません。ここはカマドも風呂も薪、水は湧き水、便所は汲み取り。そして停電。まさにあの頃の生活だなぁ、と改めて思いました。

明かりがなかなか点かないので更に妄想を巡らします。

県庁は和歌山県の北の端、JRきのくに線で天王寺から和歌山まで50分、新宮《しんぐう》までは3時間40分、その上役人は上ばかり見ている。こんな下の方まで目が届く訳がない。「よし、俺が知事になったら、県庁を田辺に持ってこよう。田辺なら上にも下にも目が届くはずだ。」電気はとうとう朝方まで点きませんでした。

畑は深谷の隣の根倉《ねくら》（根暗ではない）という集落で五反借りて、主にサツマイモと自給用の野菜を作っていました。畑の前には地主のおばあさんの家があり、毎日私と顔を合わすのを楽しみにしてくれていました。たまたま畑に出ない日があると、電話がかかってきます。風邪でもひいたのじゃないかと心配してくれてのことです。隣家とも相当離れているし、話し相手の少ない88歳のおばあさんにとって、私という存在がどれ程の慰めになったことでしょう。

このおばあさんはとても耳が遠いのです。普通の声では聞こえ難いので、向かいの山まで聞こえるような声で話します。そしたら木霊が返ってくる、というのは大げさですが、そういう情景の中に私はいました。このお年寄りは若輩の私の言うことに、「なあるほど」と、「な」と「る」の間に「あ」を入れて、相槌を打ってくれます。はるかな人生の先輩にそんな相槌を打たれると、相手が神々しく見えたものです。

おばあさんは陽の高い時でも、3時になると風呂に入ります。風呂はソーラシステムで、ムラを出た息子がきっと親孝行につけてくれたのでしょう。風呂は家の外にあるので、もちろん服は着ているのですが、湯上がりのおばあさんと顔を合わすことがあります。そんな時、少女みたいに恥ずかしそうにするのです。「人間というのは、何歳になっても瑞々しいものなんだ」と思いました。

ある時、隣のおじいさんがおばあさんの所に訪ねて来ました。私は前の畑で畝《うね》の草を削っていました。しばらくして用事が済んだのか、おじいさんが帰りかけます。少し行きかけたところで、「そうそう、おいやんにあれやるんやった」と言って、干し芋か何かを手土産に渡そうとするのですが、おじいさんはスタスタ。おばあさん追いかけるが、なかなか追いつかない。「おいやん、ちょっと待ち、おいやんて〜」それでも気づかない。おばあさん、溜息まじりに「おいやん、えらい耳遠うなって…」

私はそのおばあさんの独り言をきいて、思わず顔がほころびました。一人しか聞いてなかったのを、えらくもったいなく思いました。

私のいた深谷という集落は８軒しかなかったのですが、それでも秋祭りはします。もっとも集会所に集まって、持ち寄ったごちそうを食べ、酒を飲むぐらいですが、私が参加して歌を唄ったら、他の人も唄い出し、祭りで歌が出たのは何年振りかということでした。祭りの最後はモチ投げで締めくくるのですが、余りに人数が少ないので、投げた人が、自分の投げたモチを拾いに行くのです。私も一人二役をし、この時はさすがに過疎のうら淋しさを感じました。

先程も述べたように私の家は深谷の一番奥にあったのですが、橋を渡ると我が家が１軒だけ、外灯などある訳もなく、月のない夜はまさに闇。懐中電灯を忘れた時は、石垣伝いに数十メートルの細道を手の感触を頼りに這うように歩きます。家に着いて電気を点けた瞬間、パッと現われる無限の豊饒。しばしその豊饒を反芻し、文明の有難さを満喫するのです。

橋の向こうは、よそ者の住む魔界で、保守的なムラ人は余程のことがない限り、めったに橋を渡ることはない。女は男よりある意味開けているので、自称不良ばあさんだけが遊びに来てくれましたが、普通のばあさんは一人暮らしの男の所へなど行かないのだそうです。

それはもっけの幸いと、会員一人のヌーディストクラブを作り、橋の我が方を解放区にし、時々素っ裸で歩き回り、デモンストレーションしました。しかし、何度やっても一糸まとわず、というのは何故か落ち着かず、それが自然という感覚には至りませんでした。実のところ、人間の身体は保護されるのが自然なのでしょうか。そのままが自然なのでしょうか。隠すのが自然なのでしょうか、見せるのが自然なのでしょうか。過疎の限界集落で私はそんなことを考えていました。

過疎の可能性

さて、長々と私の限界集落体験を書きましたが、私の経験では健康でさえあれば、自然豊かな過疎のムラは、趣味の問題もあるでしょうが、都会よりずっと創造的な暮らしが出来る所です。交通費にお金がかかりますが、食費、光熱費は微々たるもの。一人なら月5万円あれば十分暮らせます。二人で8万から10万、子供がいても15万あれば何とかやっていけるでしょう。

過疎や限界集落を負の面からばかり見るのではなく、都会との差異として見れば、余程ちがったものに見えてきます。これだけ交通網と通信網の発達した時代、山村と都会、もっと往き来すればいいと思います。

山村で生まれたから山村で暮らすのではなく、山村の暮らしを楽しめる資質と才能をもった人が、山村で暮らすのです。山村にはないものを欲しがる人でなく、あるものに感謝し、享受できる人です。過疎や限界集落に都会ではなし得ないオルターナティブな文化圏を誕生させる可能性は十分あるでしょう。

それに比べ都会はどうでしょう。六本木ヒルズ族という成り上がりもいれば、派遣社員で月12万円稼いでも、ボロアパートすら借りることができず、ネットカフェで寝泊まり。食事も即席ものやコンビニ弁当の類いばかり。足を伸ばして寝るのが夢、という人達もいます。ここには豊かさのかけらもなく、あるのは貧困と殺伐です。

過疎や限界集落にも貧しさはありますが、貧困や殺伐はありません。「情」と「自然」があるからです。どんなに貧しくても「情」と「自然」があれば人間を退廃から救ってくれるでしょう。都会暮らしに飽きた人はどんどん田舎入りして、「情」と「自然」を核にした新しい文化を作って欲しいと思います。これについては稿を改めて論じますが、「情」については江戸の庶民の暮らしが大いに参考になるでしょう。

「自然」についても一言触れておくと、それが大切なのは、自然には人間を超えた領域があり、神の存在を想起させるものであるからです。自然に抱かれて気持ちいいと思うのは、あれは実は神に抱かれているからなのです。神と言って抵抗のある人は、宇宙の愛と言ってもいいでしょう。

一方、都会は全て人工物で構築され、それ等に囲まれていると、人間が頂点で、人間は人間として自己完結し得る存在だと錯覚してしまうのです。その錯覚が現代社会の最大の悲劇とも言えます。

山村から人がいなくなる

ところで、山村に人が住まなくなると何故困まるのかと言えば、住まなくなった家が荒れるのと同じように、周りの環境が荒れるからです。人工林の多い日本の山は、手入れを怠ると杉桧の根張りが悪くなり、地盤がゆるくなって、土砂崩れなどを起こします。そうすると川が堰止められ、川の流れが変わったりして、下流域に大きな影響が出ます。また、山の保水力が落ちるので、水は一気に川に流れこみ、雨が降れば即洪水、普段は水量不足というような事態を招きます。かつては上流に降った雨は、何日もかかって河口にたどり着いたものですが、今は何倍ものスピードで流れ下ります。

限界集落を生んだのは、農林業の不振、特に林業の不振が大きな因を成していますが、もっと大きいのは、高度成長による労働力需要に応えるため、農山村から多数の人が都会に出て行ったからです。その上、１９６０年頃から日本人の生活様式が大きく変化してゆき、石油化、電化により、自給的色彩の強かった農山村の生活が、商品経済、消費経済の流れの中に呑み込まれていったことも、ムラにとって不利に働きました。

日本人の生活様式に有史以来、最も大きな影響を与えたのが、55年から60年にかけて行われたエネルギー革命です。これ以降、木炭、石炭が姿を消し、石油、天然ガスが主流になっていくのです。カマドや火鉢がなくなり、薪、木炭の需要が減じ、台所は石油コンロやガスコンロに代わってゆきます。井戸も水道に代わり、電化製品が普及し、10年程の間に暮らしはすっかりモダンになりました。道路には石油精製の最終残留物であるアスファルトが敷かれ、下駄が駆逐され、それに伴いタビも姿を消します。それまで土の地道を荷車を引いて歩いていた牛や馬も徐々に見られなくなり、トラックにとって代わられます。

山村では炭焼きガマに火が入らなくなり、里山のナラやクヌギは切られ、杉や桧が植えられます。このことの意味は重要です。里山というのは炭の材料供給地というだけでなく、そこからは薪も山菜もキノコも木の実も穫れ、生活全体が里山と一体の関係にあったのです。生活経済の時代においては、都市よりも農山村の方が断然有利なのですが、自給物を提供してくれる里山を放棄したというのは、商品経済へと自ら歩を進めたことになります。

里山は直接生活必需品を生み出しますが、杉・桧は商品で、売ってお金にかえなければなりません。生活基盤が自給からお金に傾斜してゆきます。自然豊かな農山村では、都会の如く全面的にお金に依存する生活は馴染まないのですが、時代の流れには逆らえませんでした。この頃から限界集落の姿は予想できたのですが、更に悪いことに1964年に木材が全面輸入自由化され、安い外材に圧倒されていくようになります。60年にほぼ9割だった木材自給率は、今や2割という有様です。

限界集落の問題は、ハードな面では農林業の低迷と密接に関わっていますが、それについては別稿で論じます。ここで主に言いたいのはソフトな面です。

創造的限界集落

私は限界集落で暮らす人のことを考える時、ふと居留地で暮らす先住民の姿が浮かび、重なり合ってくるのです。居留地には、物資だけ与えられ飼い殺しにされ、アルコールに溺れたり、自堕落な生活に落ちる人もいますが、誇りを棄てず、毅然として伝統的な生活に身を処している人もいます。その崇高なまなざしは、色んなことを語っていると思います。私はその人のことを頭に描き、都市の論理を脱出し、もう一度ムラの論理を紡ぎ直したいと思います。

自然を畏敬し、自然を享受し、自然に感謝する。ムラに伝わる伝統や知恵を尊重する。人と人とが互いに思いやる「情」を江戸しぐさから学ぶ。農山村の持ち味を生かし、自給できるものは自給し、真の豊かな生活を目指す。経済合理主義でなく、生活尊重主義でいく。外からのセンスやエネルギーをどんどん取り入れる。田舎暮らしに憧れる若者や定年退職者に呼びかけ、既存と新規が協力し、ムラの再生を超え理想社会創りを目標にする。

出会いの里には築百年以上の古い民家があります。町内の発心門《ほっしんもん》にあったのを移築したものです。最初に見た時、それはもう倒壊寸前で、指で押したらバシャッといきそうな風情でした。腐った所は新しい木にさしかえ、屋根瓦も新しくし、見違えるように立派になりました。古い家にはなかった囲炉裏や風呂も作り、新しい息吹を注ぎこみました。そこで人々は集い、語らい、愉快な刻《とき》を過ごします。木と土と紙でできたこの家は、人々に安らぎとくつろぎをもたらし、生命の核にやさしく語りかけます。

それが限界集落の使用前と使用後の姿だとしたら。若者よ、理想をもて、我が限界集落へ来たれ。団魂世代よ、夢をもて、我が限界集落へ来たれ。

国とはやっかいなもの

先日、中国の一人っ子政策の中で翻弄される子供達の様子がテレビで放映されていた。雲南省の省都、昆明の公立小学校5年生のあるクラス。くる日もくる日も朝から晩まで勉強、勉強。学業成績が唯一絶対の指標。級長選挙の選挙演説も、自分の成績をアピールし、成績トップの子が当然の如く選ばれる。逆に成績の悪い子が仲間ハズレにされるが、みんなそれを当然と思っているようだ。

ある時、教師立ち会いの下、児童と父兄が向き合って話し合いがもたれた。あの子もこの子も、我が身の辛さを涙ながらに訴える。

「どうして数字で人と比べるの。こんなに頑張っているのになぜ認めてくれないの」、子供たちは口を揃えて抗議する。「ああ可哀そうに。配慮が足らなかった酷い親を許しておくれ」などという親は一人もいない。

「何を甘ったれているんだ。我々大人はもっと厳しい点数主義の中にいるんだ。点数が悪いとリストラにあい、まともな職にもつけない。この世は厳しい競争社会なんだよ」

涙の訴えに動じないどころか、子供の尻をたたき直す。子供達の必死の哀願を軽く一蹴し、門前払い。おお、中国人は何てドライなんだろうと思った。そう思うものの、大人も子供も明らかに異常だ。そしてその自覚が乏しい。これは一体どういうことか。

まず何はともあれ、中国は人口が多すぎる。日本でいう、所謂団塊の世代が、赤ん坊から年寄りまで続いているようなものである。それ故、競争し出すと自然と激しくなる。その上、人口問題に悩んだ国が一人っ子政策をとったため、親のエネルギーが一人っ子に集中し、質が濃縮され、競争はそれだけ苛烈になった。

しかし、この非人間的な現象を生んだ一番の因は、中国が経済至上主義の道を選んだことである し、経済が益々グローバル化されていることである。中国経済の成長は凄じく、そのめざましい発展の中で、これまで禁欲を強いられてきた人々は、抑圧されてきた内なる欲望を一気に爆発させるのである。

経済の解放により、欲望達成の可能性は手に入れたが、それは同時に世界との競争の中で生きる大変さを負わされることでもある。そしてまた余りにも激しい経済成長のために、文化的整備が後になり、人々はそのひずみをモロに被《こうむ》っているのである。

しかしあの親達の非情さはどうだろう。目的完遂のために一歩も妥協しない。否、親ばかりではない。成績で同級生を仲間ハズレにする子供達も同じ気質を持ち合わせている。

情に脆い日本人とは違うもっと乾いたものである。正しくはないが大雑巴に言って、単一の民族が天皇を中心にやりくりしてきた日本に対し、中国は異民族支配を含め、様々な王朝が興亡をくり返してきた。近年においてさえ、毛沢東と鄧小平以降の路線はまるっきり違っている。そのために変わる価値観やものさしに対応するために身につけた性《さが》――それが非常なほどのアクチュアリズム（現実主義）であり、一面的ではあるが、ある種の確実性をもった点数や金銭への偏愛や執着――それがあの親子の対話風景に顕われたということであろうか。

とにかく中国は比較的穏やかな家族主義的雰囲気の中で歴史を生きてきた日本と、全く違う原理やものさしをもった国であることは確かである。

この番組の放映があってすぐ毒入りギョウザ事件が起る。これまで食の自給や食の安全を言ってきた生協が輸入の冷凍ものを扱っていたのかと、私は百姓の立場としてあきれたが、それはさておき、これを書いている時点で中国政府からの謝罪はないし、真相はうやむやのままである。

このことについて中国を攻撃する週刊誌や雑誌が巷《ちまた》に氾濫しているが、坊主憎けりゃ袈裟《けさ》まで憎いといった類いのものが多い。

私が言っておきたいのは特に若い人に対してであるが、かつて日本は日中戦争において、中国の人達をさんざん苦しめたにもかかわらず、日本の敗戦に対して中国は寛大な処置をとってくれたのである（それは共産党ではなく国民党であったが）。残留孤児を育ててくれたのも又中国人である。

一方日本は中国への侵略行為に対して、諸般の事情があったものの、長い間謝らなかった。しかし１９７２年の日中国交回復に際し、やっとその機会が訪れた。敗戦より実に27年も経っていた。当時の田中角栄首相は「過去の不幸なことを反省する」と言ったのはよかったが、「迷惑をかけました」と言ったのが悪かった。中国語では「添了麻煩」。これは女性のスカートに誤って水をかけたような場合に使うらしく、田中さんはえらい失態をやらかしてしまったのである。

まあそんなこともあったが、中国は戦争の賠償金もとらず、鷹揚《おうよう》に対応してくれたのである。ギョウザ如き、とは言いませんが、あまり過剰に反応して、目くじらをお立てになりませんように。

2008年秋

断食入門

ニワトリも断食すれば…

絶食と断食とは少しちがいますよネ。絶食はただ〝食を断つ〟という行為そのものを意味しているだけだけれど、断食といえば、その行為に対する心のあり方にも焦点が当てられます。断食というのは生き物の最大の本能に自ら選んで抗うことなので、これはもう極めて人間的な行為でありま す。人間は動物とちがい煩悩のかたまりですから、心を正しくもって事に臨まないと、この崇高な行為が仇になって飢餓地獄に陥ってしまうことがあります。

その点動物は楽です。私は500羽程の鶏を飼っています。鶏はヒヨコから半年程で卵を産み出しますが、それから1年もすると、産み疲れで卵がいびつになったり、殻がうすくなったりして、卵の品質が落ちてきます。ここで廃鶏にする場合もあるのですが、もう半年、1年産ませたいと思ったら10日ほど断食させるのです。この場合は、断食というコトバを使うより絶食の方がいいですネ。するとしばらく休みをおいて、また品質のいいキレイな卵を産み出すのです。鶏には絶食中に起こる食べ物に対する妄想や精神的葛藤がないので、かえって人間よりスムーズにいきます。絶食の効果は人間にとどまらないのです。

人間に飼われているペットや家畜は、野性動物とちがい飢えることがありません。犬や猫が人間と同じような病気に罹るのは、人間が与える人工物、あるいは火を通したものを食しているという理由もあるでしょうが、もっと大きいのは〝飢え〟のない世界にいるということだと思います。彼らは飼い主と同じで、胃の中が空っぽになることがない。内臓も細胞も休む暇がなく、おまけに食い過ぎ状態です。

一方、野性の動物は食べ物にありついた時以外、常に腹を減らしています。絶え間のない飢えが彼らの健康を守っているのです。医者もいない、病院もない動物の世界に神様が与えた健康法です。

私の場合のソフト断食

さて動物のことはそれぐらいにして、まず私の初めての断食体験を述べます。私の断食の師匠は八尾の甲田光雄先生です。甲田医院では断食や少食といった食事療法で様々な病気の治療に取り組んでおられ、西洋医学では如何ともし難い難病に対しても素晴らしい成績をあげておられます。

20年ほど前、鍼灸の勉強をし出したのがきっかけで、私も体験入院させてもらうことになったのです。ここでは水だけの本断食とともに、それより少しソフトなスマシ汁断食、青ドロ（数種類の野菜をミキサーにかけたもの）断食、寒天断食等が行われていました。皆さん病気治しのために入院されているので、ハードな本断食より、実質同じぐらい効果のあるソフト断食をされている方が多く、私も宿便とりにはとても効果のあるというスマシ汁断食に挑戦しました。

断食に入る前には胃の検査をして異常のないことを確かめます。もし異常があれば、断食中悪心《おしん》や吐き気に襲われたりするので、胃の傷を治してから断食に入ります。そうでなくても、五分ガユ、三分ガユ、と2日ぐらい準備して身体を慣らすのがいいでしょうネ。私はまあまあ健康体だったので9日間断食しましたが、宿便とりには3、4日の断食を2、3回くり返す方がいいということです。

スマシ汁断食というのは、シイタケとコンブのだしを醤油で味つけしたスマシ3合と黒砂糖を少々、各々日に2回摂る断食です。10時と4時にスマシ汁を飲むので、1日のメリハリがあり、精神的にも肉体的にも本断食よりはるかに楽なのです。

それから朝の起床時と夜寝る前にスイマグを飲みます。これはニガリから作られた緩下剤で、断食と相俟《あいま》って、腹の掃除に威力を発揮するのです。事実1日何回もトイレに行き、そのたび腹の中がスッキリします。

この断食で宿便が全て出たのかわかりませんが、その年、悩みの花粉症の発症はありませんでした。私はそれまでひどい花粉症で、「百姓の花粉症なんて、泳ぎのできない漁師みたいなものだ」と言って自嘲していました。現在その春のユウウツは全く姿を消しましたが、それは1回の断食で治ったのではなく、何度かの断食、朝食抜き、少食など食生活の改善によるものです。

断食で病気や身体の不調がどうしてよくなるのでしょう。まず第一は宿便。宿便とりのために断食するといっても過言じゃない程です。頑固な宿便が出て劇的によくなる人は多数います。宿便はガスになったりして身体を巡り、あらゆる臓器、脳にまで悪影響を与えます。これは甲田医院で見聞きしたこともあり、又自分の体験を通しても言えることです。

二番目は内臓の休暇。年がら年中、過食による内臓の働き過ぎに対して、まとまった休暇を与えてリフレッシュしてもらいます。また栄養を絶たれた細胞達は、栄養を呼び込む力を強化します。

三つ目は自己融解。生き物は食べ物がなかったら自分を食べます。その際うまい具合に不必要なところから食べるので、血管につまったゴミや内臓の周りやお腹に溜った脂肪を処理してくれます。それによって血圧が下がったり、動脈硬化が改善されるということがある訳です。

断食生活の深い味わい

断食の効用は病気治しだけではありません。人間だからできるもっとスピリチュアルな楽しみ方があります。

まず空腹が楽しめるということです。1日3食主義は本当の空腹が楽しめないですね。本能や欲望のコントロールというのは、この世の平和にとって重要なことですが、先進国の人間は食欲に関してはほぼ野放しの状態です。頭が空になり、「我《が》」が抜け落ちれば、宇宙の真理につながりますが、腹が数日空っぽになっても、一条の光くらいは射し込んできます。皆さんも体験してみて下さい。ごちそうを食べている時よりも、断食している時の方が、きっと心は豊かになります。何しろガンジーさんの気分が味わえるのですから。

楽しみの二つ目は、未知の世界へ探険できることです。現代の私達の暮らしの中では、3日も4日も食事なしということはありません。断食中の一日一日の体や心の変化を観察するのは、いわば内的環境への探険。もしくは知らない世界への無銭旅行といえます。千日回向《えこう》のお坊さんに比べたら、児戯《じぎ》にも等しいでしょうが、それでも極く一般の飽食の現代人にとっては、興味深い冒険ということになります。

スマシ断食であっても、何日目かになると五感が特に鋭くなって、遠くからでも食べ物のにおいを察知できるようになります。食べ物に対する見方も変ってきます。えらそうなことを書きながら、私も口の卑しい凡夫なので、断食1、2日の頃は、断食が空けたら八尾の食堂街を制圧しようと思っていたのです。

ところが日が進むにつれ断食行為に馴染んでくると、考え方が変わり、「世の中全て御馳走だ。オレは寿司やスキ焼きが世の中から消えてなくなっても大丈夫だ。うまいものが食いたくなったら、断食すればいいいんだ」と思うようになりました。

「断食という鏡」に映った日常の惰性的な食習慣を見て、「何をどれだけ食べねばならない」とか「旨いものを食いたい」とか、食に対する縛りの輪が外れて食に対してもっと自由に対応できるようになります。勿論それは一朝一夕でいくことではなく、失敗も含め長い年月の紆余曲折《うよきょくせつ》を経て、だんだん板についてくるものです。

１日４合の玄米

宮沢賢治の「雨ニモ負ケズ」に〝一日四合の玄米〟というのがありますが、１日豆腐１丁と塩と少々の野菜があれば、玄米は１合で事足ります。最初はやせてきますが、別に栄養失調にもならず、身体がその食事に慣れきったら、体重も少しずつ回復してきます。賢治の時代には、まだ玄米の食し方といったものは確立しておらず、大半未消化のまま排泄していたのだろうと思います。玄米を食べこなせるようになるためには、白米が腹いっぱい食べられる時代を通過しなくてはならないのかもしれません。時代は見かけの豊かさから真の豊かさに進んでいきます。多くのものがそうであるように、食べ物もまた時代との相関関数であります。その人の心が喜んでその食事を受け入れ、感謝して食すれば、常識をくつがえすような僅かな食事量でもやれる訳です。それが人間の醍醐味です。

私は仕事が百姓なので、自分や家族の食べる物は殆んど作っています。人に頼らずに食べ物を生み出す術《すべ》を知っています。肥料や石油がなくても、これまで私を生かしてきてくれた自然があれば、生きていけるとあたり前に思っています。それは観念ではなく身体化されたものです。

その上、断食や少食体験によって、考えていたよりもはるかに少ない食事量でやれることを知りました。もし食糧危機になっても、４合の玄米を一人で食べるのではなく、４人で分けることができます。これって自由だと思いませんか。

最後に断食をめぐって、一、二の提案があります。

まず一つ目は、１年に１日でいいから「断食デー」というのを作り、国民の休日にします。朝から身を清め、神棚に米を供え、日頃の大食を詫び、宇宙万物に対して感謝の念をささげるのです。
二つ目は学校のカリキュラムの中に、1日断食体験を入れてもらいたいのです。生徒達は空っ腹をかかえ、「世界の半分は何故飢えるのか」というような話をききます。「あなた達は明日になれば、又食べられます。でもあの人達は、あなた達が今味わっている空腹が明日もあさっても続くのですよ。みんなが仲良く分かち合える世界にしたいですネ」。
そして断食明けの朝には、農場でトマトやキュウリをもいで食べる。そのおいしいこと。食べ物の有難さ、農業の大切さが身にしみて解ることでしょう。

この稿は以上ですが、もう一度、断食に対する心の姿勢の大切さを強調しておきたいと思います。断食明けの回復食も余程慎重にして下さい。断食はその期間だけ日常から隔離されるのですが、しかし終わった後は日常につながる行為であるということを最後に申し添えておきます。

この原稿は『禅と念仏』という雑誌に書いたものですが、その執筆中に甲田光雄先生の訃報が入りました。「しっかり書けよ」と尻をたたかれているような気がしました。

天高く
里には食の
満ち満ちて

甲田先生、また会いましょう

甲田光雄先生がお亡くなりになった。８月12日のことである。84歳になられたばかりだが、まぁいい年といえばいい年である。甲田医院の事務長の松下君から電話があったのは葬式の数日後で、甲田先生は、「百日は誰にも知らせるな」と遺言されたそうである。

２カ月余り経って、もうほとぼりが醒めた頃だろうと思い、甲田医院を訪ねた。百日経ってからとも思ったが、百日は長い。

奥さんにお会いした。ショックから大分立ち直られた御様子だったが、「なぁんにもする気がおこらんわ」ということであった。

甲田先生に初めて会ったのは、もう20年以上も前の話であるが、深く印象に残っているのは、目の輝きである。その目はスキあらば何か悪戯《いたずら》をしてやろうかという、純粋で奔放な少年のものであった。それから一方的にこちらがお世話になるばかりのつき合いだったが、その時の印象はまちがっていなかったと思う。

陳腐《ちんぷ》なコトバであるが、この可能性を秘めた「大きな子供」とともに夢を追い、またその世話をし、現実世界との通訳をしてこられたのが奥さんであってみれば、急に虚無の世界へ放り出されたような気になるのは無理からぬことではなかろうか。亡くなる前も、ずっとつきっきりで看病されたらしく、最期まで二人三脚の旅であった。

ところで甲田先生には、「光雄さんの世界」というものがあった。私にも「吉男君の世界」というものがあり、それは誰でも多かれ少なかれもっているものである。しかし「光雄さんの世界」は特別であった。

普通はお互いの世界に出たり入ったりしてその共通部分で互いの世界が融合し、止揚《しよう》するのだが、光雄さんは「光雄さんの世界」から出てきてくれないのである。こちらが「光雄さんの世界」に入っていくと会話は成り立つが、「吉男君の土俵」には絶対上らない。

私が語ることは常に「光雄さんの世界」というフィルターを通して解釈されるので、言わんとすることが正しく伝わったと思うことはめったになかった。「光雄さんの世界」は、そのもの自体魅力的なものであったが、その世界が厚い壁となり、自由な往来が出来なかった。

その求心性の強さ故、遠心力が働かなかった。私はないものねだりをしているのかもしれない。甲田先生は河内の地主の次男坊で、好き放題して育ったようだ。相当なヤンチャ坊主で、多分周りの家族を手こずらしたのだろう。私も似たような境遇にあったので、何となく感じとれる。育ちがいいので、わがままだが人がいい。これも私と同じ。性格は豪胆な所がある。

ある時雑談していて、「わしなぁ、医者になってなかったら、やくざの親分になってたかも知れん」と笑いながら話されたことがある。私は「そっちの方が面白かったかも知れませんねぇ」と冗談半分に答えたが、この人の胆の太さ、指導力、ある種の右翼的単純さ、人情味、実行力、人の良さ等々、きっと大親分になるにちがいないと思った。

精神力の強さや魂の崇高さは敬服に値するものであったが、身体の方では随分苦労されたようだ。

お亡くなりになってから奥さんがふともらされ、思わず涙ぐまれた。「甲田の一生はずっと闘病生活だった」というのは衝撃的だが、奥さんの実感としてあったのだろう。

身体の丈夫な人に名医はいない。自分の痛みを通して患者の痛みを知る。甲田先生が社会的にえらくなっても雲の上の人にならなかったのは、地上の苦しむ病者と自分とを結びつける壊れ易い身体をもっていたからである。

「少食」というものをあれだけ長きにわたり、あれだけ情熱をもって語られるのは、本人の身体がそのことを一番よく知っていたからである。失敗を操り返す患者に対し、あきれる程優しく粘り強く接せられるのは、自分にその経験があるからである。

甲田先生の机には、西勝造先生と五井昌久先生の写真が飾られている。西先生は西式健康法の創始者、五井先生は世界平和の祈りの提唱者である。この二人の先生が甲田先生の心身の指導者であり、恩人でもある。

西式健康法を、そして少食を実践するに当って、心の支えとしたのは五井先生の教えだったと思う。もっと直截に言えば、「祈り」だったのではなかろうか。欲望に敗けて食養の失敗を何度も繰り返す。弱い自分に歎きながらも、その解決の糸口が見えない。そんな時、「どうか私を強くせしめ給え」という祈り以外ないではないか。

甲田先生は並はずれて意志の強い人だ。しかし人間の意志などたかが知れている。意志をいったん天に返し、天からそれを受け直した時、その材質は鉄から鋼に変わる。それが祈りである。祈り続けることによって、地上の意志は業《ごう》の衣を脱ぎ棄て、天空へと昇華される。そうなった時、意志は己れを完うするだけでなく、己れを超え、万人に向けられるようになる。意志は愛の広がりを持つようになるのである。

ある時、甲田先生は私の目の所に手をかざして、「入ってる、入ってる。麻野さん、神の光が入ってるでぇ」と言われた。「わしはなあ、あんたがこの事に気づいてくれるのをずうっと待ってたんやで」と言って、これまで見たこともない穏やかで暖かい笑顔をされた。

「この事」とは何かというと、絶対的な真理ということである。もっとはっきり言うと、人間は大霊である神の一部、つまり霊そのものであり、霊は永遠に進化しながら生き続ける。肉体はこの世だけのものであり、人間は霊であり肉体ではない。神は宇宙一切の法則であり、その属性は愛と調和である。

こういうことに気がつくと、本質的に人と争わなくなる。平和運動でさえ、このことを知らないと対立を生む。

甲田先生は「このことが分からなければ、いくら病気治しをしてもダメですよ」と言いたかったにちがいない。医者の立場として言いづらかったらしく、私に「あんた言うてや」とよく言われていた。甲田先生がこの世に残された「断食療法」や「少食療法」は色んな人に受け継がれるだろう。でも、「人間とは何か、生命とは何か」という根幹を伝えなければ、「仏作って魂入れず」ということになる。それは私の役目だと思っている。

私は落花生である

左官の小山君が出会いの里に住みつくようになって、コテを持つより、鍬や鎌を持つのが日常となった。喜々として土に向っている姿を見ると、土の包容力の大きさを感じるとともに、土というふるさとにやっと戻ってきたんだなという印象を受ける。彼によると、これまで食べ物をお金で買うことに不安を覚えていたという。出会いの里の豊かな野菜に囲まれて、食べ物との間にあった緊張感がほどけて、この世の坐り心地が随分よくなったようだ。

小山君の不安は杞憂《きゆう》ではない。世界中の穀物がこれだけ値上がりしている中、自給率4割に届くか届かない国に居て、泰然としていられる神経の方がどうかしている。それに食べ物をめぐる不祥事。大量に生産、複雑なルートを経て消費者の手元に届けられるが、果して安心して食べられるのかどうか。こんな時代にあって食べ物を自分で作る程、精神衛生にいいものはない。

ある日のこと。畑にやってきた小山君に「これ、何か分かるか」とあまりポピュラーじゃない作物を指さしてきく。しばらくして「麻屋子《マアーウーズ》、紅張子《ホンチャンズ》、里斗睡着個白胖子《リートウシユエチユクパイパンズ》」と、突然唄うように言う。「何ですか、それ」「なぞなぞや。中国の小学校の教科書にのってる。あばたの部屋、紅いとばり、その中で白いふとっちょが睡っている。これなあに?」「それがこの作物なんですか」「そうや」。

小山君しばらく首をひねるが分からない。「答えは落花生。何で落花生って言うか知ってるか。ホレ、そこに小さい黄色い花が咲いてるやろ。あれが土にもぐるのや。正確に言うと、花が散って、子房《しぼう》柄《へい》が伸びて土にもぐるんやけど。花が土に落ちて生きるんやで。何か象徴的やないか。美しい花がそのまま天上に上ったら面白うない。土に落ちて、土に埋って、そこで実になって、しっかり生きる。泥の中に埋まってても、殻は真白や。いい落花生ほど殻の色は純白や。昔、坂口安吾という作家が『堕落論』というのを書いて、「堕ちよ、生きよ」と言った。戦後の混乱期で、綺麗《きれい》ごと言ってられるような時代やなかった。道徳や法律に悖《もと》ることをしても、生きていかないかんかった。そんな時、安吾は「堕ちよ、生きよ」て言うたんや。みんな救われた気になった。元気が出た。堕ちても心の核にある人間の本心は汚れへんのや。堕ちても自分を責めたりせず、堕ちることによって再生するんや。

しかしなぁ、オレなら『堕落論』やのうて、落花生にかこつけて『落花論』を書きたいなぁ。〝堕落〟の方が刺激的、自虐的、文学的で当時の雰囲気にピッタリやけど、〝花が落ちる〟方が美しいやないか。私という花が〝堕落〟やのうて只落ちる。土に落ち着地して等身大の己れと向き合う。オレは土をキタナイ泥と見なかった。生命の詰まった不思議の国と見た。土の中には地獄やのうて極楽がある。それがオレにとっての百姓の原点や。我輩はナンキン豆である。」

こんな具合に私の我田引水の講釈が続くのであります。この素直な生徒は、「そうか」とか「ヘエー」とか「なるほど」とか「おもしろい」とか、感動基調の肯定語で応えてくれます。いつ、どこでも始まる熊野大学の授業の１コマです。

キューの一生

老犬のキューが他界した。15歳であった。彼女とのいきさつは覚えていない。気がついたらうちにいたという感じだ。その頃、大阪の実家で百姓をしていて、農業研修生も沢山いて15、6人の大所帯だった。

犬の方が勝手に入ってきたのか、家の誰かが拾ってきたのか知らないが、まだ生まれて間もない小犬で誰彼なしに可愛いがられていた。鎖につながれたことはなく、家の周りを自由に徘徊《はいかい》していた。キューは自分のことをお姫様か王女様のように思っていたのだろう。私は単身熊野に移住し、4年程はキューのことなどすっかり忘れていた。

その間私はすさみ町から本宮《ほんぐう》に転居していたが、ある時実家に帰り、キューの様子が尋常でないことに驚いた。研修生もいなくなったし、周囲の様子もすっかり様変わりし、キューが自由にうろつき回る環境ではなくなっていた。

鎖につながれたキューは自由にしてくれとヒステリックに鳴く。家人は「うるさい」と叱りつける。鳴く、叱るのくり返しで、人も犬もノイローゼになっていた。現に背中の毛が抜け、皮膚が露《あら》わになり、見るも痛々しい姿になっている。

「仕方ない。熊野に連れて行こう」と思った。西吉野《にしよしの》、大塔《おおとう》、十津川《とつがわ》とくねくねの山道でキューは何度も吐いた。その度に休憩したり、スピードを落したりして、やっとのことで出会いの里に連れてきた。

キューは心の病いだった。私は必ず治してやるぞと思った。人間のノイローゼを治すより、ずっと簡単だと思った。佐代は幸い私とちがって犬好きだし、私よりずっとやさしい。二人でとにかく可愛がってやろうと約束した。

背中の脱毛は結局、獣医の見立てより私の見立ての方が正しかった。獣医は身体の治療法を色々言ったが、「そんなことしなくても、心の傷を治せば元通り毛が生える」と直感していた。事実、キューの精神状態が安定してくるにつれ、綺麗な身体に戻っていった。

最初のうちは、私にかまってくれといつも要求した。彼女は私を御主人様と思ったようで、それが犬の習性で、思われた方は御主人様としての義務が生ずるのだと、その時初めて知った。

キューはみんなに甘やかされ、チヤホヤされて育ったのでプライドが高く、やきもち焼きという鼻もちならない所があった。「見て、見て、私を見て。どう、私って可愛いいでしょう」といった具合だ。

しかし心の傷が癒えるにつれ、性悪な性格も柔らいできた。可愛がられると心に余裕が出来、とげとげしい自己主張をしなくても、自分の存在が、あるがままで容認できるようになるのだろう。

時が経つにつれ、あまりかまわなくても、それ程淋しがらなくなった。勿論その間、佐代は愛情たっぷりの世話をしていたのであるが。

それでも私が時々、首を両ひざの間に挟んで、頭や腹を撫でてやると、「クウーン、クウーン」と、ネコ撫で声でなく、犬撫で声で甘えた。この時も犬の宿命を思った。この人を一度御主人様と決めたら、その御主人様にかまわれないと満足できないし、心も安定しないのだ。

キューの体調がおかしくなり、息を引き取るまで1カ月余り、この世にいい思い出を残してやろうと、1日何回か抱きしめてやった。キューが死ぬ日の朝、「今日でお別れだ」という予感がして、めったにしたことのない散歩に連れ出したが、杖を貸してやりたいような歩きっぷりだった。生きているのがとても辛そうだった。

夜、寝る前、「明日の朝までに天に召させ給え」と祈った。私が寝てからも佐代は看病していたらしく、彼女が看取る中、静かに息を引き取ったという。

２００８〜９年冬

時には大空を飛んでみよう

20年ほど前、私はまだ河内の実家に居て、そこで今と同じ百姓をしていた。夕飯を食べてくつろいでいるところだった。そこへ見知らぬ客が訪ねてきた。近隣の農業資材を扱う鉄工所で私のことを聞いて来たという。誰だか分からないが、「まあ、上がりぃや」ということになり、「いっぱい飲むか？」ということになった。

見ず知らずの人をよくタタミに上げて、酒まで出すなんてと言われそうだが、河内ではそれが普通だった。昔、「河内のおっさんの歌」というのが流行ったが、その歌の歌詞も…〝オー、よう来たのワレ、まぁ上がっていかんかい、ビールでも飲んでいかんかいワレ〟である。

酒を飲みかわし、雑談をしていると、その男は突然、実は自分はエスパーなんだと言い出した。「エスパーって何や？」と聞くと、超能力者だという。「そうか。それなら何かやってみせんかい」と河内弁では言わなかったが、そんな意味のことを言った。

「それよりも」と、彼は私を試すようにじっと見て、こう言ったのである。「自分では気づいてないかも知らないが、実はあなたもエスパーなんですよ」。

彼は1冊の本を取り出した。本人の書いたもので、内容は環境問題がテーマだが、そこに人間界と自然界と霊界が三位一体にならなければならないと書いてある。分かり難い下手な文章なのでそれを指摘すると、私に書き直してもらいたいのだと言う。「おいおい、ちょっと待てよ、人間界と自然界はいいとしても、霊界なんてあるかないかも全く知らんわー。知らんこと書ける訳がないやないか。」ということになった。

以上、昔そんなことがあったんですということを枕にして話を進めるが、月日の力は大きなもので、60歳を過ぎて私も霊界のことが解るようになってきた。といっても幽体離脱《ゆうたいりだつ》して霊界探検をした訳ではない。大病を患い、その深刻な危機的状況から自力脱出は困難であることを悟り、自力から他力に意識転換し、見えない力に身をあずけたのである。

私と見えない力との間に入って通訳してくれたのが五井昌久先生である。毎日祈りを捧げつつ、五井先生の著作をはじめ、古今東西の霊訓や霊界紀行、それに類するレポートや体験記を数多く読んだ。そして私は神が実在し、人間はその分霊（わけみたま）で、生命というのは肉体ではなく、霊そのものであることを知った。

この場合「知る」というのは頭脳でというより、もっと深い所で知ったのである。既にそのことを前から知っていた魂が目覚めたのかもしれない。知識はその追認であったのだろう。

私は、この世の不幸は人間が人間の正体を知らないからだと思うようになった。五井先生の教えを受けて世界平和の祈りをするようになったが、これまで祈りなんて世の中に何の影響も及ぼさないのではないかと思っていた。しかし祈りによって自分自身の変化が目に見えるようになり、祈りにこめられた精神波動には、やはり人の心に変化を起こさせる力があることを認めるようになった。

現象界において肉体は大切なものであるが、人間の正体はあくまで霊であり、肉体は乗物にすぎない。霊は大霊である神と同質のものであり、それは生命そのものであり、永遠のものである。神と同質のものであるのに、神と人間が全くちがうのは、大霊は１００パーセント発現の状態であるのに対し、分霊は原石のままで可能性は閉じたままである。

無限の可能性を秘めた霊の本質が発現されるために、人間は様々な経験を積むのである。病気、貧乏、別離、失職など色々あるだろうが、負の経験を乗り越えるごとに魂は少しずつ開いていく。苦難が大きい程、霊性は磨かれる。

霊は神と同質であるが故に永遠であり、従って人間は肉体を脱ぎ棄てた後も、霊人として生き続ける。宇宙や自然界をよく観察すると、愛と調和で成り立っていることが分かるだろう。もし憎悪と不調和で成り立つのだとしたら、宇宙は今まで存在し続けることはなかったはずだ。人を憎むより愛する方が気持ちがいい。不調和より調和している方が心地よい。それが本質だからだ。人間の正体や宇宙のしくみを知ると、自然と悪いことができなくなる。それは倫理とか道徳とかいったものでなく、もっと根源的なものだ。倫理や道徳は必要であるが、真理を知れば、ひとりでに身につくものである。

しかし現実は真理が欠落したまま、この世は回っている。人間の生命はこの世だけのものと思われているし、人間は肉体と精神でできており、肉体があるから精神が働いているのだと考えられている。宗教でさえ、永遠の生命を認めているかどうか疑問である。そして世界のルールや規範、法律、取り決め等は、そういったことを前提として成り立っている。それでは戦争のない、争いのない、富の偏在しない平和な世界には絶対なりっこない。

人間というのは神の分霊であり、原石としての霊を磨き、輝く宝石へと霊の可能性を開いていくのが人の道だと知れば、権力で人を支配しようとしたり、金で人のほっぺをひっぱたいたりするなどは実に愚かしいことに見えてくる。無限の生命から言えば、須臾《しゅゆ》とも言える地上生活を我欲で満たし他界後の生命に汚点を残すより、宇宙法則に従い愛と調和で生きる方が余程意義深い人生ではないか。

「お前、そんなことを気安く言ってくれるけど、現実はなぁ…」と言われる人は沢山いる。というより殆んどの人がそうだろう。世の中が普遍規準ではなく、現世規準で回っているし、そこに生きる大多数の人がそれに従っている中で、普遍を実行するのはなかなか難しい。「人間の本体は霊であって肉体ではない」と言ってみたところで、病気になれば苦しいし、怪我をすれが痛い。食わねば腹が減るし、異性と交わりたくもなる。

それが現世というものだ。そのようにして生きていてもである。たまには地上の共同幻想の舟から降りて、大空に出てみるといい。そして現象界と霊界をつらぬく真理の目で、地上生活のあり方を見てみるといい。桁《けた》違いの視野が開け、人間というものはこんなにも素晴らしい生き物なんだということに気づくはずだ。地を這う虫の如く生きるとしても、鳥の目はもつべきだ。

『般若心経』に〝色即是空　空即是色〟というのがある。〝この現象界は実体のあるものだと思っているが（それは五感がそう思わせている）、真理の目でながめたらただの影に過ぎない。空である。しかし一度空であることを知ってもう一度ながめたら、それは実相をもって立ち現われてくる〟というものだ。

私の話もそれに尽きる。「肉体やこの世を軽んぜよ」というのではない。一度真理の光を当ててこの世を見てほしいというのである。この世の常識、この世の価値感、この世のものさしというのは、この世だけのローカルなものと知ってほしい。この世というのは、生命の長い長い旅のほんの瞬時の滞在地である。お金も地位も名誉も、全てこの世だけのものである。地上でも天界でも通用するパスポートは、やさしさや思いやりや、愛や調和といったものである。価値あるものは黄金の輝きではなく、魂の輝きである。それを知った上で、このローカルな地上で精いっぱい誠実に生きたいと思う。

さて、エスパーの話に戻るが、自称エスパー氏の言うように、私にはその能力は一向に発現してこない。しかし目に見えない世界のことが、目に見える世界に近い現実感をもって想像できる。目に見えない世界の方がはるかに広大で多様かつ本質的というのもよく分かるのである。

※エスパー（ESP）とは…
超能力者、一般に言われる超能力は、サイキック（心霊的）能力のことで、例えば透視能力などを指すが、これは五感の延長に過ぎず、自分の目の前に存在するものしか見えない。
霊能力に対しスピリチュアルな能力（霊的能力）というのは、その奥にある能力のことで、守護霊の働きが加わり、その場に存在しないもの、あるいは高次元の世界のものを映像またはシンボルの形で見せられる。
※筆者注…この時のエスパー氏は、サイキック能力とスピリチュアルな能力をごちゃまぜにして使っているし、この頃の私もその分野については無知である。いずれにしても、霊能開発などする暇があったら、土を耕すか、薪割りをした方がよい。霊的能力は祈りによって身につくのが自然である。

甦る日の喜び

『逝きし世の面影』という本がある。ここには西洋人の目で見た幕末から明治初期にかけての日本、日本人が様々な形で語られている。あるいは条約を結ぶため、あるいは明治政府の要請で多くの西洋人が日本を訪れ、この国の風土に、この国の人々に魅了された。中には辛口批評もあるが、なべて好意的で、同じ日本人である私ですら、その時代に行ってみたい気になる。

彼らによると、私達の御先祖様は親切で陽気、ユーモアがあり天真爛漫《てんしんらんまん》、楽天的で開放的、優しくてお人好し、慎み深くて倫理的、礼儀正しく穏やか、従順でがまん強く、快活で遊び好き、温好、正直、質素、とおおよそ人に与え得る限りの讃辞を浴びせている。その描写、説明から想像される当時の日本人は、現代人よりはるかに人生を楽しく生きていたということである。現に何人もの西洋人が、日本人ほど幸せな人々はいないし、日本ほど美しい国はないと言っている。

それも支配階級である武士よりも庶民の方が生き生きしている。優秀な官僚であった武士（中にはボンクラもいただろうが）は武士道を拠り所として質素に生き、ついたての向こうで庶民は思いきり羽を広げて生きていたようなのである。武士と庶民の階級差別は歴然とあったが、大方の庶民はそれを当り前のこととして受け入れ、オレ達はオレ達で気楽にいこうという態度だった。

その圧倒的楽天主義は、生活をまるごと笑いの揺りカゴにしていた。江戸の農村においても、私達が歴史の時間に教えられたような悲惨な農民生活という情景はあまり一般的ではなく、農民達もそれなりに生活をエンジョイしていたようである。

例えば１８７８年、東北、北海道を一人で旅したイギリス人女性イザベラ・バードなどは、米沢平野を称して次のように述べる。「米沢平野は南に繁栄する米沢の町、北には人で賑わう赤湯温泉をひかえ、まったくエデンの園だ。鍬のかわりに鉛筆でかきならされたようで、米、綿、トウモロコシ、煙草、麻、藍、豆類、茄子、くるみ、瓜、胡瓜、柿、杏、石榴《ざくろ》が豊富に栽培されている。繁栄し、自信に満ち、田畑のすべてがそれを耕作する人びとに属する稔り多きほほえみの地、アジアのアルカディアなのだ。」

美しいのは風土ばかりではない。外国人女性が汽車も車もない時代、東北、北海道を旅したというのは凄いことだと思うが、それを可能ならしめた日本人、アイヌ人の倫理の高さに脱帽する。バードは言う。「女性が外国の衣裳でひとり旅をすれば、現実の危険はないにしても、無礼や侮辱にあったり、金をぼられたりするものだが、私は一度たりとも無礼な目にあわなかったし、法外な料金をふっかけられたことはない。」

山形のある駅舎でバードが暑がっているのを見て、家の女たちがしとやかに扇をとりだし、まるまる1時間も扇いでくれた。代金を尋ねると、いらないと言い、何も受け取ろうとしなかった。こういう話はザラにあり、楽天的で無邪気に見える当時の人々が、いかに高い倫理的規範を生活習慣の中に溶けこませていたかということの証左でもある。

この頃西洋社会は既に工業化が始まっていたが、初期工業社会が生み出した都市のスラム街、そこでの悲惨な貧困と道徳的崩壊を見た目には、工業化以前のこの爛熟した農業と手工業社会の中で和気あいあいと暮らす人々の姿は、地上の楽園を想起させたことだろうし、自らの過去へ郷愁せしめたことだろう。

対比されるのはそればかりではない。近代精神を身につけていた西洋人は、市民社会の自由を享受し、自我を開花させつつも、一方では精神と肉体、天上と地上の分裂を経験し、実存的不安を醸成させていた。

他方、日本人といえば、未だ西洋流近代精神などは身につけておらず、身分制社会の壁など何処吹く風と、霊肉一体となって、天真爛漫に生活を謳歌していた。近代精神により、近代以前の日本人の精神構造を遅れたものとして批判的にながめつつ、近代化、工業化によって失った古き良き時代の人間の生き生きとした姿を当時の日本人に見ていたのである。

しかしこの日本社会の真綿にくるまれた幸せも、間もなく終るだろうと当の西洋人が予測し、その通りになっていく。世界の中に投げ出されたら、日本は変わらざるを得ない。大久保利通や岩倉具視たちが明治4年から5年にかけて、アメリカ、ヨーロッパの視察旅行に出掛けるが、ここで圧倒的な西洋の工業力に目を見張る。当時の日本の知識階級に西洋流の近代精神というものがあったかどうか知らないが、少なくとも精神構造の骨格の頑丈さは西洋人にひけをとるものでなかったと思っている。

「江戸しぐさ」に残っている通り、庶民ですらしぐさにまで昇華された人を思いやるあれだけ高い倫理道徳をもっていたということが、それを証明している。もし日本人が文化的に精神的にもっと低い位置にあったなら、当時の国力から考えて日本は植民地化されていたかもしれない。西洋人は紳士面《づら》して人の家に入ってきて、「ここの家は文化程度が低いなぁ、私が一肌ぬいで教育してあげよう」と言って植民地化していく。「俺は搾取しに来たんだぞ」なんて正直なことは誰も言わない。大義名分という錦の御旗をかざして悪事にとりかかるのである。かつて日本もその真似をしたし、アメリカは懲りずにまだやっている。

西洋の工業力に目を見張った、という所に話を戻そう。スイスのベルンで岩倉使節団の久米邦武は市内の小学校を見学し、その教育の充実振りに感心し、実態を報告し、日本の教育と比較している。それによると、日本の教育は「道徳修身教育を重要視し、無形の理学、高尚の文芸を玩《もてあそ》ぶ」とし、また上流階級にのみ高尚な教育を施し、女性や一般庶民は蚊帳の外としている。

これに対し、西洋では実学を重んじ、一般の人にも門戸を開き、修身は教会で教えるとしている。日本の精神文化は高いが、実学を軽んじたために、工業力では圧倒的な差をつけられていることを、団員たちはこの旅行を通して身にしみて知ったのだろう。このことが明治5年の学制頒布《はんぷ》につながり、続々と学校が建てられるようになる。

学校教育制度の整備によって日本は急速な近代化への道を進むが、いいことばかりではなかった。日本の進路がおかしくなっていったのは日露戦争（明治37〜38年）あたりからだと司馬遼太郎も鶴見俊輔も指摘しているが、その大きな理由の一つに指導者の質の低下があげられる。つまり日露戦争までの指導者は江戸時代に教育を受けた人であり、それ以降は明治になって学校教育を受けた秀才だというのである。

江戸の教育は実学では劣ったが、下半身のしっかりした骨太な精神をもつ人間を作ったのである。逆に学校教育は効率的であったが、上半身ばかりが目立つ見せかけ人間を作ったのかもしれない。国民皆教育は、文盲をなくし日本人の知性を多少たりとも高めたかもしれないし、そしてまちがいなく日本の近代化と工業化を促したのであるが、それらの時代の変化の中で、あの江戸庶民達は、みんな何処かへ消えてしまったのである。

そして太平洋戦争に突き進み敗戦。官武一途庶民に至るまでアメリカの物量に驚嘆し、平伏し、羨望する。厚木の飛行場を降り立った丸腰のマッカーサーをカッコイイと思い、猫背の天皇と長身のマッカーサーの写真に二つの国の暗喩《あんゆ》を見るのである。アメリカという国は無限にあるタダの土地とタダ同然の石油を、湯水の如く使って大きくなった使い棄ての国である。狭い国土で知恵を頼りにやりくりしてきた日本と全くちがうのに、「あぁ、アメリカになりたい」と思ってしまったのである。

貧乏人が金持ちに憧れたのだといえばそれまでだが、もし江戸や明治前半の知識人の如く、表層の頭脳ではなく深層の精神がしっかりしていれば、これ程までにひどいアメリカの植民地にならずに済んだと思うが、当時の進歩的と言われる知識人は日本という文字にことごとく墨を塗り、封印してしまったのである。

その頃『逝きし世の面影』などという本が出版されていたら、おそらく袋だたきにあったことだろう。戦後60年経って、やっとミソとクソの区別がつくようになってきたのかもしれない。あの江戸庶民のしぐさや心根、心意気がたとえ少しでも戦前社会に残っていたとしても、敗戦で消滅したことは想像に難くない。

そして高度成長、この時期エネルギー革命によりカマドや火鉢が姿を消し、井戸が水道にとって代わられた。また日本中の道路が舗装され、下駄屋やタビ屋もなくなった。大家族が核家族化し、地域が少しずつ崩壊し、人間関係がだんだんと疎遠になっていった。つまり、江戸以前から連綿と続いていたカマドや井戸といった生活様式までなくなり、生活の中の自然的要素がことごとく駆逐され、私達の感性を育んだカマドの火のあかいゆらぎや、夏の井戸の冷たさは記憶の中に残るのみ、子供たちはその記憶もない。大家族と地域社会で培った人間のつき合い方。人と接する時の間のとり方。情の交わし方。現代ではそれを学ぶ場も機会もない。

しかし、しかしである。それ程遠い昔ではないあの江戸時代の人々の、西洋人を感嘆せしめたよき人柄の血が、私達に一滴も受け継がれていないのだろうか。著者の渡辺京二氏は、二度と戻らない〝逝きし日〟と言っているが、私は甦り得ると思っている。

明治維新で棄てた日本、敗戦で棄てた日本、高度成長で棄てた日本。これらの日本をこれから拾い直していかなければならない。それぞれの時代には棄てざるを得ない事情があったのだろう。歴史のその時点に身を置いてみないと分からない。

しかし時は変わった。イギリスに産業革命が始まって約2世紀半、ヨーロッパに波及して170年、日本が仲間に加わり130年。資本主義は世界を席巻したが、この体制の終焉も見えてきた。今こそ進歩や便利さの陰で犠牲になってきたものに目を向けるべきである。

幸い私達は高度成長以降、この50年間、腹いっぱい食べることができた。あふれる物に囲まれ、商業が提供するオモチャを次から次へと取っかえていった。物質的贅沢はもういいではないか。これからは精神的贅沢の時代だ。

一枚の紅葉に心を動かされ、天下の秋を想う。そのためにたとえ一本でも木を植えよう。コンビニのおにぎりでなく、手作りのおにぎりを食べる。そのために荒れた田んぼに稲を植えよう。焚火の火を見つめ、天空の月を愛でる。そのために仲間と心を通わそう。春になれば川に出てボロ舟を浮かべる。そのために、冬の間舟の修繕をしよう。暑い夏にはスイカを冷やして食べる。そのために、スイカを吊す井戸を掘ろう。

数えあげれば贅沢なんていくらでもある。本当の贅沢は心を豊かにし、外界や他人と調和したものだ。お金で手に入るものではない。歴史というものをある断面で切れば、明治以降の百数十年は、私達にそのことを教えるためにあったのだと考えてもいい。心も大切だが、物や金も大切だと人は言う。でも心の方がずうっとずうっと大切である。特に物質的豊かさを享受した第一世界の人は静かに考えてみるべきである。

幕末の人と私達とは同じでない。私達は近代、工業化社会を生き、近代的自我に出会い、実存不安も体験した。彼らほど素朴ではない。しかしながら、〝陽気に生きたい〟とか〝人を喜ばせたい〟とか〝みんなと仲良くしたい〟とか〝困った人を助けたい〟といった本質的には同じものを持っている。本当の進化というのは、直線ではなくスパイラルなものだ。御先祖様から受け継いだもの―百年の塵芥《じんかい》の中に埋まって消滅したかに見えたものであるが―それは、胸の底の底にある。それを一つひとつ丁寧に取り出そう。現代の陽に当てれば、それは当時よりも更に美しく輝き出すだろう。『逝きし世の面影』は『甦える日の喜び』に変わる。

※参考文献

『日本奥地紀行』イザベラ・バード　東洋文庫

『江戸しぐさ完全理解』越川禮子、村田明大　三五館
『誇り高き日本人』泉三郎　PHP
『逝きし世の面影』渡辺京二　平凡社

追悼

今年に入って、私の大切に思っている人が5人も相次いで亡くなった。宮本重吾、丸尾常喜、宮迫千鶴、甲田光雄、塩野良子の諸氏である。各々個性の強い魅力的な人だった。

宮本重吾さんは、私より4、5歳上だが実に元気な男だった。右翼顔負けの自家製街頭宣伝カーをしつらえて、「サラリーマンをやめて田舎に帰ろう」と、大阪や東京の街頭で演説をくり返していた。彼自身、14年間勤めた松下電器をやめ、故郷近くで百姓をしていた。彼の夢は、「もう一つの世界、もう一つの日本」をつくることだった。壮大な構想だけど、多分に観念的であった。しかしそれに対して自ら行動を起こすエネルギーは半端ではなかった。

彼と本格的につき合い始めたのは1990年頃、百姓の雑誌を作らないかと持ちかけられた時からである。1年かけて全国で何回かの集まりを持ち、決まった本の名前は『百姓天国』。読み手と書き手が一体となった本で、年2回の発行。発行元は〝地球百姓ネットワーク〟と大風呂敷。書き手も編集も全て百姓。百姓手作りの本としてマスコミからも注目され、第1集は1万200

０部も売れた。『百姓天国』は13集まで出して止めたが、第１集発刊までこぎつけたのは宮本さんの功績大で、彼の体力と行動力と元松下マンの企画能力がなければ、『百姓天国』は世に出ていなかった。宮本さん、ありがとう。

丸尾常喜さんは大学の先輩で、私のレポートにM先輩として登場する人である。そのエピソードは既に通信に書いたのでくり返さないが、情の厚いとっても優しい人であった。双子みたいに仲の良かった奥さんに先立たれ、そのショック醒めやらぬうちに続いて亡くなられた。魯迅の研究家であり、宮沢賢治の大好きな人であった。魯迅の厳しさより、賢治の朴訥《ぼくとつ》さと暖かさを感じる人であった。もっとも賢治だって、魯迅に負けないほど厳しい人であったが。

宮迫千鶴さんは、私の気の許せる女友達である。三つ年下なのでまだまだ若い。初めて会ったのは20年近く前、関西気功協会主催のシンポジウムの時だった。パネラーとして話すチャンスがめぐってきたが、その時のテーマとあまり関係のない農政への提言を熱く語った。言いたいことを言ってから突然気がついたふりをして、「しまった！　今日はそんなテーマじゃなかった」と頭をかいて、今度は今回のテーマの癒しについて申し訳程度にしゃべる。

休憩時間に彼女がやって来て、「あなた、エスプリのある人ネェ。その場ジャック成功よ」と言った。続いて、「農業のことを教えてもらえませんか」「いくらでも」と安受け合い。それからだんだん親しくなり、農業だけでなく人生や魂についても語り合うようになった。

お通夜の会場に行く。御亭主の谷川さんがおられた。「何と言ったらいいか……」とコトバを見出せないでいると、ニコニコして「何も言わなくても解ってますよ」。逆に励まされた。

とにかく陽気に故人を偲ぼうという通夜だった。宮迫さん自身永遠の生命を信じていたし、死は霊界への引っ越しだと思っていたので、この世の生にそれ程強い執着はもっていなかった。病気が見つかってアッという間の出来事だったが、いかにも宮迫さんらしいいさぎよさだった。

挨拶に立たれた谷川さんは当然といえば当然だが、彼女の世界観をよく理解しておられて、終始にこやかに語られたのが印象的だった。

名古屋で落ち合い、同行した音楽家の山本公成さんが、彼の名曲「ふるさと」と、その場で即興で作った曲を彼女の祭壇に捧げ、魂のふるさとに帰った宮迫さんを見送った。


電車の中で転んでからずっと甲田先生の体の状態がよくないと、甲田医院の事務長の松下君からきいていた。ここ数年、耳も随分遠くなられて、聞く方も話す方も相当にエネルギーを使い、話半分に終わることが多くなっていた。身体も急に弱って診察も減らされていたが、それでも亡くなる直前までなされていたのは、さすがに甲田先生らしいや、と思った。

私は熊野に来る前、故郷の藤井寺にいて、隣町の八尾の先生の所へはしょっちゅう出入りしていたので、思い出やエピソードは沢山あるが、前号の通信に「甲田先生、また会いましょう」を書いたので、ここではこれにとどめる。

最後は近所の塩野良子さんだが、つい先日亡くなった。昨年大腸ガンが見つかった時、既にアチコチに転移して、完治するような状態ではなかったが、希望をもって極めて明るくふるまわれていた。「絶対治る」ということを自らに信じこませ、信じこみ、そのことと一体になり、その化身となって生きていた。私もまた彼女と一緒に信じこみ、ずっと私のパワー入りの野菜を届けていた。身体の毒出しをするのだと言って、これもうちの里芋を使って、里芋シップを続けていた。彼女は私に会うごとに、「治って人のために役に立ちたい」と繰り返していた。

それは芥川龍之介のクモの糸のようなもので、彼女にとっての唯一の命綱のように見えた。その張られた糸の緊張度は凄いものであった。そのうち便が出なくなった。

腸が破裂寸前に手術。彼女はまた笑顔になり、階段を軽やかに降りてくる。私はこのまま奇蹟が起こるのではないかと思った。しかし、身体は明らかに終わりたがっていた。

「霊性を高めたい」という裏に「病気を治したい」という業があり、それがクモの糸となり彼女の身体をこの世にとどめていたが、業の糸は強度に限度がある。塩野さんはあの身体で、あんなに明るく、前向きによく生きたと思う。魂は帰るべき所に帰っていった。

宮本重吾さんの天命が完うされますように
丸尾常喜さんの天命が完うされますように
宮迫千鶴さんの天命が完うされますように
甲田光雄さんの天命が完うされますように
塩野良子さんの天命が完うされますように

虚《きょ》と実《じつ》

高校時代の恩師から手紙が来た。プレゼントの礼状である。同級生の女性と一緒に出会いの里の野菜と卵を贈ったのである。野菜は私の手作りのものであるが、箱に詰めたのは佐代である。箱を閉じる時、野菜たちが丁寧に新聞紙に包まれ、各々の場に居心地よく落ちついているのを見て、「ナルホド、こんな風に詰めるのか」と感心した。それは一目見て送り手の愛情が伝わってくるものだった。最後に紅いカラスウリの実が添えられた。佐代は「知らないで食べるかもしれないねぇ」と言って、「食べられませんよ」という一言を添えた。

恩師の手紙には私が感じたことと同じことが書かれていた。「…荷をとくと、本当に本当においしい野菜と果ものがきちんと、それぞれの場所を得てつまっていました。心をこめて作った方が、いつくしんで送って下さったというダンボールは、私にとって特別なものでした。本当にありがとう。それに真赤なカラスウリに〝食べられませんよ〟という一言もウンとうなりました。……」

私はこれまで、「実質よければ全てよし」と思っている所があった。詰め方など少々雑でも、野菜は丹精こめてあるのだから、大勢には影響ないと考えていた。「なりはヤクザにやつれていても、月よ見てくれ心の錦」派だった。しかし、実質と思ってないものが、実は実質以上の実質たり得ることもあると気づいた。「お前一体いくつだ。少々遅いではないか」と言われそうだが、遅くても無智よりいい。包装の仕方や器というものも単に見せかけだけのものでなく、人の真心の表現なのだということが解ったのである。仮にそれを実と虚に喩えるとすると、虚の大切さを知ったのである。

　それにもう一つこんなことがあった。東京で熊野応援団の事務局長の鈴木さんに会った時、話題が通信『くまの』のことになり、彼はその手書きの通信を大いに誉めてくれたのである。内容もさることながら、手書きの字が実にいいというのだ。温かさが伝わり、ふわっと包まれたという。活字より手書きの方がいいという人は多いが、字そのものにそれだけ心を動かしてくれる人がいることが嬉しかった。

　私の文という「実」が、佐代の手書きの字という「虚」によって生かされたのだ。こう考えてくると、物事は実と虚で成り立っていて、その調和こそが大切で、どちらに偏してもまずいということになる。

　例えば金につながる仕事と、金につながらない仕事を考えると、前者は実、後者は虚と見なされる。その方式を家庭に当てはめると、お父さんの仕事は実で、お母さんの仕事は虚ということになるが、甲乙つけ難く、どちらも大切な仕事である。ところが最近のお母さんは、食事作りや子育てよりパートを優先させる人がいる。現代生活は何でもお金が要るので、金儲けという実の方が、家事労働という虚より価値があると錯覚させられている人が沢山いる。家事などの金につながらない仕事の価値をもっと見直さねばならない。

　私達の仕事について考えると、農作業や山仕事は自然相手なので、労働と遊びが混然一体となって（この場合労働が実、遊びが虚）、実と虚がよく調和している。こういう仕事はしていて楽しい。しかし、農作業も山仕事も機械化されると遊びの要素が少なくなる。

一方、都会の会社の仕事はというと、これはほとんど労働という実だけで成り立っている。その極端なのがオートメーション工場だ。一般に会社の仕事は虚を排除しているので潤いがない。グローバル化が進んで、企業同士の競争が益々激しくなり、雇用形態にまで虚を排除したのが、派遣労働というやつである。それも全従業員の4分の1、3分の1ということになってくると、これはもう重病である。

派遣労働という時、「派遣」も「労働」も両方とも実で、「実×実」になる。こんなことをしたら、スパークして労働者は大ヤケドする。働く人間をここまでないがしろにする制度は、もはや制度として機能していない。資本主義は完全にバランスを失い、自分の図体では立っていられない断末魔の様相を呈している。労働者という最も大切な資産を使い棄てにするというのは、自分に向かって唾を吐きかけているようなものである。

野菜の詰め方から派遣労働まで話が展開したが、物事や現象には必ずある実の部分と虚の部分。表の部分と裏の部分、目立つ部分と目立たない部分、主役的な部分と脇役的な部分があるが、どちらも同じぐらい値打ちがあり、同じぐらい大切にした方が世の中平和で楽しいということを言いたかった。

こういう考え方は、非合理主義的といえるかもしれないが、合理主義そのものが胡散《うさん》臭いし、その頭に経済をくっつけると忽ち派遣労働者問題に行きつく。こちらはそんな流れとは別に、さっさと泥舟から降りて、何処までが遊びで何処までが仕事か分からないような暮らしをしている。

ここ熊野出会いの里には食べ物も、建築材も、燃料も十分にあるし、あり余る情もある。日本のこの豊かな自然を生かせば、わずかの金で、いくらでも幸せにやれる。何の不安もなく、何の不満もなく、自由な精神をもって、世界の人を幸せにしたいと考えている。みんなで土を耕し、鶏を飼い、民宿し一日中笑っている。ここに来て、熊野川を見下ろして、やさしく呼吸してみて下さい。きっといい波動の気流が流れているのが分かりますヨ。

紀州熊野応援団のこと

紀州熊野応援団のことを紹介しておきたい。2008年の春頃、出会いの里に3人のメンバーの方が訪ねて来られ、熊野応援団の存在を知った。7月の熊野出会いの会にも何名か参加していただいた。

2006年11月に設立総会が開かれ、翌年7月NPO法人紀州熊野応援団として認可される。おおむね新宮高校の同窓生が核になっているようで、理事長の嵩さん、事務局長の鈴木さん、そして最初にお訪ね下さった理事の中西さん、御三方とも新宮高校の同級生である。嵩さんと鈴木さんは東京在住、中西さんは新宮在住である。

会員は現在、5、600人いるそうであるが、まだ目立った活動はしていなくて、新年明けぐらいからいよいよらしいのである。今年は11月に熊野市で大会が開かれ、私もパネラーとして参加させていただいた。出席者は地域で中心的な働きをしておられる方が多く、熊野応援団が本気で動き出せば面白いことになりそうだ、という印象を受けたし、私自身そのメンバーになり、自分の持ち味を生かしたいと思っている。

熊野というのは和歌山、三重、奈良と3県にまたがっているので、行政がからむと常にその壁が立ちはだかるが、紀州熊野応援団はその境界を突破して縦横無尽に動く。熊野に存在する人と大都会に存在する人が、各々の場所で、各々の地の利を生かし、相呼応して、有機的に結びつき活動する。

メンバーについては、熊野出身者でなくても、熊野に思いを寄せる人であれば誰でもよく、年に1、2度熊野を訪れるということであっても立派な熊野応援団員たり得るし、そのたびに木の1本でも植えるということであれば、更に優秀な団員となる。その応援の仕方は、心であっても、身体であっても、お金であってもよく、一番参加しやすい形で参加すればいいということである。

応援団全体としてのこれからの具体的な取り組みは、熊野の物資（木材、農産物、海産物）を使った商品のブランド化と販売、そしてもう一つは観光客の誘致である。

観光は従来の観光と合わせ、熊野の農林業を体験するもの、熊野の自然を体験するもの、熊野の歴史を含めた熊野自身を体験するもの等、観光を多面的、立体的に捉えて活動する。

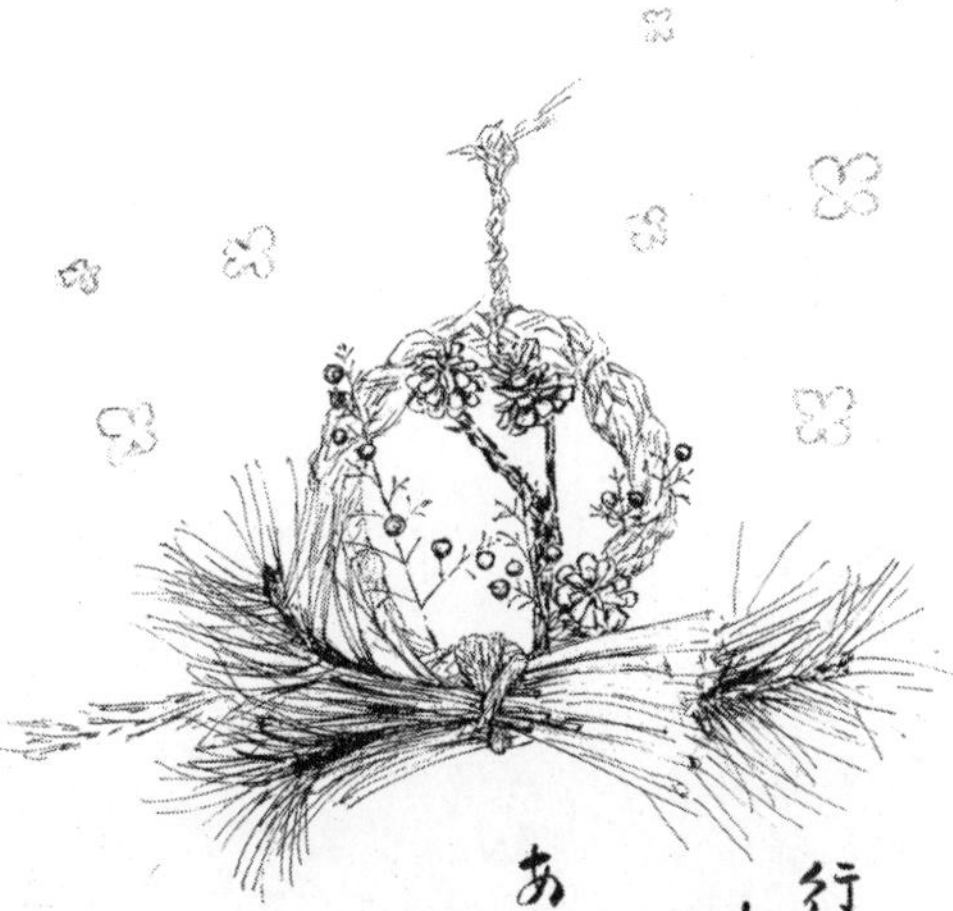

行く年も
来る年もまた
よろこびに
あふれて つなぐ
世界の平和

熊野応援団というのは、単なる地域興しのお手伝いをするというのではなく、あくまで熊野にこだわり、熊野の魅力と意義を世界中にアピールする団体だと思っている。私も応援団の一員として、熊野の伝導師、熊野比丘《びく》になろうと思っている。

みなさん、紀州熊野応援団のメンバーになって下さい。よろしくお願いします。

第4章

さあどうする日本の農業

２００９年初夏

再び、三たび我が愛する熊野川

近頃、川向うの請川《うけがわ》の羽根さんが出会いの里によく来る。玄関の横で門番みたいに鎮座している和舟の修繕のためだ。８人ぐらい乗れるものだが相当老朽化している。熊野川の三重県側の漁協の組合長をしていた荘司さんにもらったもので、「いつの日か新宮《しんぐう》まで」の思い熱く雨除けの屋根までつけてもらって、熊野川を見おろしている。

羽根さんは無類の乗り物好きで、バイク、車から船、飛行機に至るまでオールラウンド。会えば時々無駄話をする。そんな中で「この舟を使って昔みたいに渡しがしたいね」ということになり、専ら修繕は定年貴族の羽根さんの仕事となったのである。

今は立派な橋もあるし、わざわざ舟で向う岸に渡ることはないのだが、何か熊野川と肌の触れ合うつき合いをしたいという思いは二人とも同じである。

出会いの里から見える熊野川とその背後の山々が織り成す景観は誰彼なく、ここを訪れる人の心を奪う。視界を横切るように西から東に向って本流が流れ、支流の大塔川《おおとうがわ》が南西から熊野川に合流する。つまり出会いの里の前で水と水がぶつかるため、ここにはいつも波動の高い柔らかい気が流れている。

「もっと水量豊かであれば」と思う。私が本宮《ほんぐう》に抱いているイメージは水の都である。若い頃本宮を訪れたことがある。その頃、熊野やら本宮やらに対して何の知識もなかった。1時間ほど滞在しただけである。その時感じた印象は今でも覚えているが、ここは何て湿潤な、瑞々しい町なんだろうと思ったのである。一体何故あんなこと思ったのか未だに謎だが、ひょっとしたら私の魂が、大《おお》斎原《ゆのはら》に本宮大社があった頃のことを覚えていたのかもしれない。

少しばかり神懸りなことをついでに言っておくと、熊野の霊力は熊野川と密接に関わっている。熊野川に水を戻さないと、熊野の元来の霊力は甦らない。数年前、ある霊能者に、部屋の中で小さな護摩を焚いてもらった。その時、「炎の中に龍神さんが見える。心当たりはあるか」と言われた。熊野川の化身が私の尻をたたきに来たのだと今でも思っている。

熊野川に水を呼び戻すということと、大斎原に人々の目をもっと向けてもらうというのはセットになっている。旧宮である大斎原に昨今、日本一の鳥居が建立されたが、まだまだ訪れる人は少ない。

明治22年の大水害に遭って以来、本宮大社は山の中腹に引越したが、もともと川の神様である。御神体は熊野川、音無川《おとなしがわ》、岩田川《いわたがわ》と三つの川の合流点に浮かぶ森（大斎原）そのものであったか、それともそれをも含めた大河そのものであったか知らないが、いずれにせよ熊野川あっての本宮大社であることはまちがいない。

国道168号線沿いに古い鳥居がある。この鳥居をくぐり、石の階段を下り、音無川を渡ってまず大斎原に詣で、然る後、御幸道《ごこうみち》を通って本宮大社にお参りする。この御幸道の両側は水田で、その向こうに熊野川の土手が見え、とても長閑《のどか》な風景である。春のよき日ここを通ると、きまって美空ひばりの「花笠道中」という歌の歌詞が口をついてでる。「これこれ石の地蔵さん、西へ行くのはこっちかえ」というあれである。

私が中学生のころ流行った。その頃、まさに高度成長が始まる時期で、それは石の地蔵さんを踏みつぶす勢いで進んでいった。しかしそれから半世紀、正気に戻って、宴の跡を見る時、風景から消えてしまった石の地蔵さんを連れ戻したくなる。今この御幸道に茶店を出し田舎道を再現し、時代劇風のセットにしたら、詣で人は眠っていた魂を呼びさまされるにちがいない。旧宮と新宮を結ぶこの幅3メートルの道こそ癒しのエリアとして豊かな可能性を秘めている。茶店は固定した建物ではなく川原家がいいと思う。川原家というのは、まだ人々が熊野川を舟で往来していた頃のもので、速玉《はやたま》大社の前の川原に、最盛期200軒もひしめいた組立式の家である。年に数回、水が出ると30分程で解体し、町は一瞬にして消える。水が引くと忽ち町ができあがる。まさに変幻自在、身軽でアッケラカンとした南国気質、誠に小気味いいが、この川原家を御幸道にもってくるのである。旅人はしばしの間、古きよき時代にタイムスリップするだろう。

それならばそのままで、もう少しタイムスリップを楽しんでもらおうか。いよいよ舟の出番である。旅人は大斎原の川港から舟に乗る。かつて本宮を訪れた人は、ここから舟で新宮に下った。川の道の復活である。まさかそんなこと、言うだけで不可能じゃないかと大半の人は思っている。それはそうだ。現今の水量ではカヌーさえスムーズに通れない。熊野川は宮井《みやい》で十津川《とつかわ》と北山川《きたやまがわ》が合流するが、十津川水系だけで何とダムが七つもあるのである。

このダム群について簡単に述べておくと、まず十津川本流では猿谷《さるたに》ダムがある。このダムは江戸時代からの懸案であった吉野川分水とからんでくる。つまり紀の川の上流である吉野川の水を奈良盆地に流したいが、そうすると紀の川下流地域の人から文句が出るので、それなら熊野川の水を天辻《てんつじ》峠を越えて吉野川に引っぱってこようということになり、出来たのが猿谷ダムである。昭和32年に完成しているが施主は旧建設省。戦後の復興の一翼を担った鳴り物入りの事業だったハズである。灌漑《かんがい》だけでなく、上水道、工業用、電源開発にも利用された。

この分水にはまだ続きがある。猿谷ダムが出来て既に50年以上経つが、現在この分水された水は関西空港に供給されているという。毎秒8トン、年間2億トン。それに対し紀の川水系には120億余りのお金が支払われたということだが、親元の熊野川水系は蚊帳の外である。

猿谷ダムの下流の風屋《かぜや》ダムは昭和35年に完成した。有効貯水容量は8900万立方メートルで、猿谷ダムの5倍。その下の二津野《ふたつの》ダムは昭和37年の完成である。二つとも施主は電源開発で、発電のためだけのダムである。その他支流に四つのダムがあるが、全て発電専用ダムで、熊野川のダムはいずれも洪水調節機能を持っていない。その上、発電所には別ルートで水を運ぶため、これが川かと思う程、河川の流量が減る。更に洪水時には一斉に放流するので、流域住民にとっては、功より罪の方が大きい。この七つのダムの有効貯水容量を合わせると1億4335万トンとなる。これは十津川水系だけであるが（熊野川にはもう一つ北山川水系がある）これだけの水を上流で堰止めれは川が川の体をなさないのは当然である。その見返りとしての恩恵は道路の整備ぐらいだと思われるが、山間地に暮らす人々にとってはそれは何よりの贈り物で、道路は文明の光が入る唯一のルートだと信じられていた。しかし水と道路の交換によって山間地は盛えるどころか益々衰退し、この50年の間に村から人が居なくなり、川から魚がいなくなった。ではどうすればよかったのか。ダムなんか作らなければよかったのか。道路なんかなかった方がよかったのか。

個人の趣味の問題は別として、そんな選択はできなかっただろう。近代化というのは世界が選んだ路線であり、我が国とて、我が地域とて、世界の趨勢に棹をささない訳にはいかなかっただろう。

しかし50年経ってその結果を眺め回した時、果して何人の人が「これでよかった」と言うだろう。川の道から陸の道になって便利になったものの、人々の生活は川と疎遠になり、車道から見おろすだけの遠景になってしまった。神域の威光を高めた豊かな碧水は、砂州ばかりが目立つ小枝のような流れに変わった。もう尺の鮎はいくら探しても見つけることはできない。黒い集団となって遡っていった鮎の稚魚たちもいつのまにか消えてしまった。ダムで堰止められた土砂やヘドロで水は汚れ、ダムの機能が麻痺する一方、砂の補給を断たれた河口の海岸線は波に浸食され抉《えぐ》られていく。

このような問題をかかえた熊野川の今を知ってもらうためにも、そしてその問題を解決していくためにも私達はもう一度川原へ降り、熊野川との関係を取り戻さなければならない。具体的には川

往来に
あじさいさりげなく
咲いて

原でのコンサートや芝居。秋、冬の風物詩としての芋煮会。水泳場の開設など。しかし何と言っても大斎原からの舟下り。これは今までの歴史を踏まえた上で電源開発と交渉し、土、日は観光放流してもらう。最初は大斎原から敷屋《しきや》辺りでもいい。だんだん距離を延ばしてゆき、最終目標は新宮までの便を出すことだ。

舟を出すことによって、大斎原は本来の大斎原に近づく。川の参加により本宮の観光にぐっと厚みがでる。バスからながめる熊野川と、舟で体感する熊野川はまるっきりちがうし、バスからの熊野と舟からの熊野もまるっきりちがう。

英語にアンダースタンドという言葉がある。「理解する」というのは「下に立つ」ことだということをこの外国語は教えてくれる。川はその地形の一番低い所を流れる。その一番低い目線で熊野を見る時、熊野はより一層熊野らしき姿を現わすのではないだろうか。高度成長以降、私達は上へ上への目線に翻弄され、足元の生命のリズムを忘れてきた。もう一度川の流れに目をやり、お寺の鐘の音に耳を傾けませんか。

川向こうの羽根さんは今日も来て、舟の最終チェックをやっている。「いよいよ進水式やね」と声をかけた。時代錯誤の変り者が二人、熊野の明日を夢見て、さてさてどうなりますことやら。

私の神経症体験　1

死に出会う

　私の人生で最も大きな問題は「死」であった。特に若い頃は、そいつに気が狂う程悩まされた。子供の頃身体の弱かった私はよく病気をしたが、そのたびにもう治らないで死ぬのではないかと小さな胸を痛めていたことを覚えている。

「死」の観念が牙をむいて私に襲いかかってきたのは、小学校の5年生か6年生の時で、それは全くの不意打ちであった。小便臭い田舎の映画館で、近所の三つ年下の男の子と並んでチャンバラの映画を見ていた。当時映画は最大の娯楽で、たまたま誰かに券をもらって子供同士で来ていた。確か鞍馬天狗だったと思うが場面はクライマックス。嵐寛扮する天狗が木っ葉役人をバッタバッタと斬り倒す。胸のすく見せ場である。

　その時何故だか知らないが、私はふと敵側の立場に立ってみたくなったのである。死屍累々《しかばねるいるい》であるが、斬られたあの人達に家族はないのだろうか。まさにそのとたん「死」が私を直撃した。いずれ自分もこの世から消えてなくなることを現実感を伴って自覚したのである。消滅した自分を想像する程恐ろしいことはない。

　私は一瞬にして映画の外へはじき飛ばされてしまった。相棒には何も言わず席を立ち、外に出る。

恐怖とパニックでじっとしていられず、取り入れの終った稲株の並ぶ田んぼ道をひたすら走った。景色は寒々としてよそよそしく、私は孤独を通り超して、孤絶の中にいた。何と人生とは油断のならないものだろう。今や私は世界の孤児であった。走っても走っても、逃げても逃げても恐怖は追ってくる。このままでは「気が狂う」と思った。逃げることを止め、震えながら幼い頭で必死に考えた。

「今すぐには死なない。死はずっと後のことで、それまでに解決方法を見つけよう」「人は例外なく全て死ぬ。ひとり生き残ってもやっぱり孤独だ」。とりあえずこの二つの間に合わせの処方箋をこしらえ、何とかパニックは治まった。しかしそれ以降、「気狂いの種」をかかえこむことになり、長い間「自分が消えてなくなることの恐怖」という鎖につながれることになる。この難問を解かねば自分の本当の人生はないと思いながら、問題に向き合うとたちまちパニック状態を呼び起こしてしまうので、そのことを意識的に封印していた。その矛盾の中でけっして暗くはない青春時代を生きたが、心の奥には常に未消化の塊が重苦しく存在し続けていた。何事に対しても価値を見出すことが出来ず、虚無的な日常の海を漂流していた。

学生時代、世はまさに政治の季節で、ベトナム戦争、日韓条約、中国の文化大革命、全共闘運動と生真面目な学生はこの情況に何らかの形で関わっていったが、私の心は政治的なものに対しさほど反応を示さなかった。

私はいわば文学青年であった。しかし他人の詩や小説に興味があった訳ではない。この様な質の人間には文学みたいなものによってしか救われないと、あまり根拠もなく信じていたのである。

卒業が近づいても、企業に就職する気は全くなかった。父は小さな会社を経営していたがそれを継ぐつもりもなかった。学者になる程勉強好きではなかったし、物書きで食っていく程の才能もなかった。まさにないない尽くしの八方塞がりで、仕方なく故郷の大阪に帰って学習塾を開いた。この頃既に結婚していて、何らかの形で生活費を捻出しなければならなかったのである。

塾は盛況であったが、取り組むべき夢や課題が見つからないまま、時間と共に後退していく我が人生を思い慄然とすることもあった。

神経症になる

毎日焦りを感じながらも、歳だけはとり29歳になっていた。

そしてとうとう怖れていたことが起った。数週間来、舌に異常を感じ、医者に行ったが原因が分からず、四六時中なぜだろう考えているうちに、反芻によって蓄積されたエネルギーが閾値《いきち》を超え、堤防が決壊した。濁流は私の虚弱な脳を呑み込み、「今度は本当に狂う」と思った時、異常は舌ではなく虫歯であることに気がつき、ホッとした。

次の日、朝目覚めた時、昨日みたいなことが起ったら嫌だなあと思った。その瞬間、昨日の心理状態になった。それは、少年の頃体験したあのパニック状態、苦悶発作というべきものだった。発作は一定時間で治まる。しかし恐ろしい発作にまた襲われはしないかと予期恐怖するようになる。これが問題なのだ。1年に一度か半年に一度か、めったにやってこない敵の影を恐れて、片時もその想念から自由になることはない。これが不安神経症という病気であると知ったのはもう少し後だが、その日から私は完全な囚われ人となった。

そうなってみると、虚無感が絶望感に変った。虚無の昔は幸せだと思った。

この苦悶発作、パニック状態というものの原形を探ると、実は小学4年の時にある。近所の川で水遊びをしていて溺れた。アップアップしている時、「ここで死ぬのか、この若さで」と思うと、何とも口惜しく切なく、胸がしめつけられ、頭が爆発しそうになった。この時運よく助かって、恐怖体験はすぐ忘れてしまったのだが、どっこい潜在意識の中にもぐり込み、私の人生を傀儡《かいらい》したのである。映画館での発作も29歳の発作も、この時のものと全く同じものである。

さて神経症予備軍から20年かかり正規軍に入隊した私は、更に過酷な体験をさせられることになる。病の初期の頃はパニックに対する予期恐怖であったが、1年程するうち、病膏肓《こうもう》に入り、常時強い不安を感じるようになった。その不安が極点に達したことがあった。あまりの苦しさのためタタミをかきむしり、壁に頭をぶちつけた。その時斧で手足を切り落とされたとしても何も感じない程の苦痛だった。観念の中だけで起っていることなのであるが、それは明らかに物理性をもち、本物以上の兇器となって肉体の脳を切り裂いた。

私は劫火に焼かれながら人間の業《ごう》の深さを思い、そのエネルギーの凄まじさに驚嘆していた。人間というものの底知れぬ闇と同時に無限の可能性をも感じていた。「もしこの負の回転を正の回転に変えることができたら、どんなことでもできるだろう」と。

生き物の生理というものはよく出来ている。妻が医者に薬をもらいに行っている間に、私は気を失って眠ってしまっていた。身体の限界を超えると、生理は意識をなくすようになっている。

朝になって目醒めた時、頭はスッキリしていた。覚悟も出来ていた。「もう俺の手に負えない。入院して森田療法を受けよう」と。森田療法というのは、戦前、精神科医の森田正馬が自分の体験に基いて開発した日本的な心理療法で、神経症の治療に劇的な効果があることが珍しくない。１週間程度の臥褥《がじょく》と作業、日記指導等を通して自己洞察を深めていく。丁度神経症に罹った年に森田の全集が出て、私は貪るように読んだ。それは命懸けの読者であった。

森田の教え

森田の教えをひと言で言うと「あるがまま」ということである。「〝不快〟に対して抵抗するな。不快は不快のままにして、やるべきことをやれ」というのである。神経症というのは頭の中で起る、ある「とらわれ」による不快に対して、それを排除しようとして、自分と自分が死闘を繰り返す悲劇であり、喜劇である。不快に対して抵抗を強めると、その抵抗分だけ不快度も増す。益々不快なので益々抵抗を強める。

この「とらわれ」は頭がでっちあげた一種のフィクションであるが、一度その罠にはまると容易に抜けれない。この枯れ尾花と闘う観念論者に対して、森田は事実唯真を説く。私の印象に残っているのは、こういう話である。

森田存命の当時、森田の家に下宿するような形で患者は指導を受けていた。ある日の１コマ。洗濯物が風で飛んだ。そこに行き合わせた患者は急いでそれを拾い棹に戻した。縁側のその様子を見ていた森田は手招きしてその患者を呼んだ。「君、あの洗濯物は乾いていなかったか」。患者はハッとする。彼は森田の視線を気にして洗濯物を拾い上げたが、乾いているか確かめなかったのである。又こんな話もある。ある時、森田は拭き掃除の雑巾を患者に縫わせた。一人の患者がその日の日記に「今日はいい運針の勉強になった」と書いた。それに対し森田は「運針の勉強のために雑巾を縫わせたのではない。雑巾が必要だから縫わせたのだ」。

後者は少々極端であるが、神経症者にはこのぐらいの矯正でバランスがとれるのである。

しかしこの私はそういうことを頭ではよく理解し、重々承知しながら体得には至らず、ついに入院ということになった。「論語読みの論語知らず」とは誠によく言ったもので、この時ほど体得することの大変さと大切さを知ったことはない。

リトル・トリー

そのことできまって思い出すのは「リトル・トリー」*という小説である。この作家は幼い頃両親が亡くなりインディアンの祖父母のもとで育てられるが、その時の体験をふまえて書かれたものだ。

少年は祖父母の話すKINというインディアンの言葉に興味をもつ。文脈で考えると、どうもLOVEとUNDERSTANDの意味で使われているようだが、そのことを祖父にきく。「お前の言う通り、時には『愛する』と使われ、時には『理解する』と使われる。でもそれは同じものなんだよ」。

ここに「愛する」ことの体得と「理解する」ことの体得が示唆されていないだろうか。私達は自分と対象、主観と客観、精神と肉体などという二元論的な精神風土の中で物ごとを判断し、そういう習慣を骨肉化させてしまっている。その結果、多くの人々は自分達の方法論が、物を知る上で、たくさんある方法論の一つであるという自覚すらない。むしろ唯一の方法論であると錯覚している。「愛する」ことと「理解する」ことが別のものとする文化と、同じものとする文化。どちらがすぐれているのか知らない。しかしよりどちらが神の視点に近いかといえば、おじいさんの方であることはまちがいない。

さてその頃近代人であった私は理解と体得の溝を埋めることができず入院と相成ったが、入院に際して医者から「君は森田理論は充分過ぎるくらいだから、ここでは本は読まないで実践するように」と釘を刺された。

＊リトル・トリー
フォレスト・カーター著　めるくまーる刊

鶏は地面に

アジア農民交流センターの通信に、養鶏のベテランである山形の私の友人菅野芳秀がヨーロッパの養鶏事情について書いている。出会いの里でも2年前から養鶏を始めたので興味深く読んだ。ドイツでは鶏の福祉の観点から法律でケージ飼い[＊1]が禁止になり、既に２００７年１月１日より実施されているという。オーストラリアでも２００９年より、ＥＵ全体でも２０１２年よりということだ。

断わるまでもなく菅野の所も私の所も平飼いの自然養鶏[＊2]であるが、日本ではケージ飼いが主流で、平飼いは統計にも上らない程微少である。生協やら自然食関係の流通でも、扱われている卵の多くは、ケージ飼いのものが多い。ケージ飼いでも多少安全に留意されていれば、卵の値段は安い方がいいというのが、生協などの消費者の主流ではなかろうか。ましてや菅野も指摘するように、鶏をケージから解放しようと訴える消費者はまずいない。

これは採卵鶏ばかりではなくブロイラーにも言えることであるが、その現場を見ればおよそ生き物として扱われていないことが分かるだろう。それはもう効率だけを考えた人間のエゴむきだしのシステムであるからだ。

私が残念に思うのは、同じ敗戦国として出発したドイツが官民一体となり、世界に先駆けて鶏をケージから解放したのに、日本は福祉基準を導入したもののまだ具体策が何もないということだ。

１９６８年、日本は西ドイツを抜いて、ＧＮＰは資本主義国では世界第2位となった。しかし年間の労働時間は西ドイツより５００時間も多く、有給休暇もなかなか思うようにとれないという中身であった。それからも日本は経済を第一に優先し、経済大国と呼ばれるようになったがその反面、暮らし、家庭生活、環境、教育などソフトな部分が豊かになったとは言い難い。

ジョン・ダワーというアメリカの歴史学者は日本を評してこんなことを言っている。「かつて成功した大国は、賞賛とともに世界の人々の憧れを集めたのに、大国日本は羨望なき賞賛を受けている。その理由は五つの欠如にある。その第一は〝喜びの欠如した富〟第二は〝真の自由の欠如した平等〟第三は〝創造性の欠如した教育〟第四は〝真の家庭生活の欠如した家族主義〟第五に〝リーダーシップの欠如した超大国〟」。これは20年前のものであるが、今もさほど変っていない。

　これに対してドイツはどうか。くり返しになるが日本と同じ敗戦、占領から出発しながらナチス時代を深刻に反省して周辺諸国との信頼を回復し、ＥＣの盟主として指導的立場にある。特に環境問題に対しては世界一の先進国であり、世界の賞賛と尊敬を集めている。

　ドイツが環境問題に関心を払うようになったのは１９７０年代のルール工業地帯で発生した大気汚染を契機としている。しかし本格的に自分達の問題として捉えるようになったのは、チェルノブイリの原発事故以降である。法体系の整備も進み、「次世代のために自然を守る責任がある」ことが、日本の憲法に当るドイツ基本法に加えられ、ドイツの環境保護政策の方向性を示すものとなっている。

　学校教育においても、各教科に環境に関する事柄が織り込まれ、子供の頃から環境問題に自然に目が向くように配慮が払われている。

　エネルギー問題に関しても、風力発電はヨーロッパの約半分を占め世界一だし、太陽光発電も世界一。２０１０年までの全電力量に占める自然エネルギーの割合を最低12・５パーセントとしたいとしている（因みに日本は同年までに１・35パーセント）。

　ＧＮＰ世界第2位の地位を日本がドイツと入れ替って既に40年経っている。日本も環境問題に無策であった訳ではないが、その間ドイツに大きく水を空けられてしまった。

　環境問題というのは畢竟《ひっきょう》、生き物同士が仲良く暮す土壌作りということだろうし、足元を見据えた等身大の平和運動といえるだろう。

　ケージ飼い禁止法案はドイツで突然降って湧いたのではない。戦争に対する深い反省から生まれた「平和の種」が長い間かかって育まれ、進化してきた結果なのだ。

日本も同じ戦争の苦い経験のある国として、このドイツの行き方に多くを学ぶべきである。占領の幕開けと同時に日本と正反対の圧倒的物量の国アメリカに、真に正反対故に憧れた。そしてその後追いをし、頭の上から足の先までアメリカまみれになった60年であるが、還暦も過ぎたことである。いくら何でもそろそろ頭を冷やしもう一度冷静に世界を見回したいものだ。

たかが鶏の話であるが、その背景にあるものは小さくないと思う。日本中の鶏がいつ頃地面に戻れるのか、その一見ささいなことがこの国の実力の一端を表わしていないとは言い切れまい。

みなさん、1個20円、30円の卵がどれくらい安いか知っていますか。まずは、「安過ぎる卵[*3]」の背景にあった鶏達の受難の歴史を思いやる想像力と、鶏をもう一度地べたに帰してやる愛を学びとろうではないか。

＊1　ケージ飼い

鶏を1羽ずつ狭いケージに閉じこめてエネルギー効率を上げるため身動きできないようにし、何万羽と鶏工場的に飼う養鶏法。

＊2　平飼い自然養鶏法

昔のように地面で飼う養鶏法で、広い鶏舎で雄鶏と共に悠然と暮らす。雌ばかりのこともある。普通自然養鶏の場合、餌にもこだわり鶏の健康とその卵を食べる人の健康を考える。

＊3　安過ぎる卵

昭和20年代、風呂代が10円、ハガキが2円の時代に、卵は1個10円した。

まだぬくき
玉子両手に
くるみゐて
幼きおとうと
吾れにほほえむ

2009年秋

さあどうする日本の農業

以下の小論は私が1990年に書いたものである。

殺虫、殺菌剤をやめれば減反は不用

現在、国は290万ヘクタールの水田のうち、ほぼ29パーセントにあたる83万ヘクタールの減反を百姓に押しつけている。一方で米の自由化をチラつかせながら、更に減反面積を増やすつもりである。国は、使える田を遊ばせて、農地を荒廃させるために金を出し、百姓は減反の穴埋めをするために多肥多農薬に走り、汚染を広げ、米の質を落としている。何という愚をくり返しているのかと思う。

昭和20年代は食糧難の時代で、農業問題は国家政策として、経済問題よりも優先して扱われた。

30年代になり、米の自給がほぼ可能となると、農業問題は経済一般問題へと格下げられた。更に昭和36年の農業基本法によって農業は工業の付属物として位置づけられ、ついに44年の自主流通米制度によって、米は半商品化された。

そして今や、工業を守るための盾としての米の自由化により、完全に商品化されようとしている。しかしそれとは全く正反対に、今こそ米を胃腑を満たすためのただの食糧としてでなく、いわんや商品などでは更々なく、明確に健康に寄与するたべものとして位置づけるべきである。

国が豊かになった一方、極端な工業化による水や空気の汚染、及び生産過程や流通過程の管理化、市場主義による商品化の結果としてたべものの劣悪化などにより、人々の健康が今ほど脅かされている時代はない。

米は禾本科の作物の特徴として、非常に強靭な作物の一つである。私の経験から言えば、もし反収350キロ（現在の全国平均反収は500キロ余り）ぐらいの収量に甘んじるなら、殺虫剤、殺菌剤がなくても十分可能である。少なくとも農協の栽培暦にあるような7回、8回の散布など全く不必要である。

しかし労力を考えて除草剤1回の散布はやむを得ないと思う。減反をやめて290万ヘクタールすべてに植えつけると反収350キロで、1015万トンとなり、ほぼ日本の米の消費量になるのである。

殺虫剤、殺菌剤を使わずに、すべての水田の稲の実りを見る方が、生産者、消費者を含めた国民の健康、農地の維持、環境保全、あらゆる点ですぐれているのは明らかだ。そのことでもし農家の収入が減るようであれば、農水省ばかりでなく、各省がタイ・アップして国民健康増進費や、国土保全費として特別会計をくみ、農家に補助金を出せばよい。そういう生きた補助金なら労働者も文句を言うまい。

量がある一定の閾値を超えた時、量の部門だけで解決をはかろうとするだけでなく、質的な転換をも模索すべきなのだ。それによって「米」も見直されるだろうし、国民の健康への関心も高まり、医療費、健康保険費の大幅な節減が可能になるだろう。米を高い、安いの純然たる商品として扱おうとするから財界主導型の米の自由化などという貧しい発想しか生まれないのであって、高度成長期を通して定着したそういう旧態依然とした固陋《ころう》な発想では、その国の豊かさを国民に還元できるどころか、国民をますます苦しめるだけである。

米のもつそのような多面的な価値に光を当て、明確にそれを社会資本として位置づけることによって余程豊かな農業政策が展開できるはずである。経済大国と言われながらも、ヨーロッパに比べ極端に社会資本の貧困な日本で、米や水田のもつ機能を総合的に捉え、国民全体のための社会資本とするという毅然たるポリシーをもつことによって、外国を説得すべきであり、第一世界の食糧政策に一石投ずべきである。

コメの質的転換

この小論の内容で現在とちがっているのは、当時の水田の面積と比べ今は268万ヘクタールに減っているのと、減反面積が逆に96万ヘクタールに増えていること、その結果、減反の割合が全水田の36パーセントになるということ。そして現在の全水田に作付けし、反収350キロの場合、934万トンの低農薬米が穫れるということである。それに現在の米の消費量は年間850万トン程度である。

この小論を再び世に問いたいと思う。しかしながらこの提案には問題点が沢山ある。例えば、一、この米の値段を誰が決め、いくらにするのか。一、全国どこでも殺虫剤、殺菌剤なしで米の栽培が可能なのか。一、品質のバラつきをどうするのか。一、こっそり農薬を使おうとする不逞の百姓を誰が監視するのか。一、農薬会社の反対をどうするのか。一、安い米を求める消費者にどう対応するのか。一、縦割りの省庁の壁を越えて、各省庁が協力し合えるか。等々、数えあげればきりがない程問題がある。

だが、大いなる可能性もある。近年世界中で色々な問題が起っているが、従来の発想法では解決できない問題ばかりである。アメリカのサブプライムローンに端を発する経済問題然り、そしてここで問題になっているのはコメ問題である。減反につぐ減反にかかわらず、米は余り、価格は安くなる。それに追い打ちをかけるようにアメリカをはじめ米の輸出国に更なる自由化を迫られる。この路線はもう破綻している。少なくとも米専業農家はもう持ちこたえられないだろう。

だとするなら残された方法は、私の提案のように、量的世界から質的世界への転換を図ることである。自由化をせまる連中に肩すかしを食らわせ、食の本質を世界にデモンストレーションするなんて未来的で大いに夢をかきたてる。まるで憲法第九条だ。

それにあの民主党だって政権をとったじゃないか。ドイツだって鶏のケージ飼い全面禁止などという、日本では信じられないような快挙をやってのけたではないか。世界の常識は変わりつつある。私のこの提案がそのまま実現できるとは思わない。この発想をたたき台にして、米政策を見直すのである。

私の見るところ、これから世界は、これまで不可能とされ、視野にも入らなかったことに挑戦していく。人間とは何物か手に納めていくのである、という本質に目醒める人が増えてきて、高嶺に咲く美しい花を、一つずつ我が手に納めていくのである。

コメの量的転換

私が述べたのは、質的転換である。しかし現状打破を量的拡大によって突破しようとする人達がいる。現代社会ではまだまだこの方が主流だ。これまでのやり方を常識を超えて、更に徹底させようというやり方だ。これまで様々な人がこの種の意見を述べてきたが、今回雑誌『Ｖｏｉｃｅ』９月号の伊藤氏（東大教授）との対談「農業は強い産業になる」から、伊藤忠商事会長の丹羽宇一郎氏の考えをきいてみたい。傾聴すべき所も多々ある。

まず彼は日本農業の概要を説明してくれる。

「日本の国土は３７８０万ヘクタール。このうち12パーセントが農地です。45年前は16パーセントでしたから、約４パーセントが減ったことになります。……農業人口は49年で約８割減り、昨年は２９９万人でした。このうち65歳以上が６割を占めます。一方、全農をはじめＪＡグループなど農業関係団体の職員等は、45年前が29万人、現在が30万人と、ほとんど変わっていません。」

えっ、百姓の数が5分の1に減ったのに、百姓のおかげで食っている諸機関の職員の数が変わらないって？　これはつまり彼らがいかに百姓を食いものにしているかということの証左ではないか。企業家の丹羽氏の目には、農業界という所は純然たる企業と比べ、いかにも甘い世界であると映っているはずである。

「日本のコメづくりを世界と比べると、世界の平均反収4・2トンに対し、日本は6・78トンと非常に高い」。これは丹羽さんがまちがっている。百姓だったらすぐ気づくのだが、4・2トン、6・78トンというのは反収ではなく、1町歩当りの収量。おまけにこれはモミ殻つきのままの目方。普通、世界の統計はモミ殻つき、日本の統計は玄米でされる。何も書かなかったら玄米収量と誤解される。

「日本のコメは高くて競争力がないという議論がよくなされますが、私は皆さんが思っているほど日本のコメは高くないと思うのです。農水省のデータでは、日本の農家が0・5ヘクタール未満の土地で米を作る場合、掛かるコストは、キロ当たり344円、ところが0・5〜1ヘクタールだと288円になり、3〜5ヘクタールだと190円、10〜15ヘクタールだと160円になるのです。

一方、いま伊藤忠商事は中国で現地のコメを精米して販売していますが、価格はキロ105円程度です。輸送コストや味を考えれば、大規模農家での日本のコメは十分競争力があると思います。10〜15ヘクタールの場合、約3100円です。」

……もう一つ、コメの生産者の時給を規模別にみた農水省の推計データがあります。10〜15ヘクタールの場合、約3100円です。」

ここで問題になるのは、10〜15ヘクタールの場合だが、コストがキロ160円という。反収が全国平均の500キロとして、10ヘクタールの場合160×500×100＝8000000、8

00万円である。これで機械代（田植え機、トラクター、コンバイン、乾燥機）、肥料代、農薬代、資材費をまかなうとすると人件費は殆ど出ない。

その一方で時給3100円というが、そんなことはあり得ない（一方で稲作農家の時給は179円という統計もあるのだが、この方が現実に近いと思う）。それにキロ160円の方はコスト、キロ105円の方は売り値、それも前者は玄米で後者は白米。このズレを正し、同じレベルで比較すれば相当な差になるはずである。

作った米をインターネットを使って売るとか、機械類は自分で修理できるとか、プラスアルファの何らかの工夫がなければ、ただ大規模化するだけでは、やはり経費倒れになってしまうだろう。

農業は十次産業

戦争中や戦後の貧しい時代は「食糧」の時代だった。しかし今は「食べもの」の時代である。ただ飢えをしのげばいいというのではなく、お腹に入れるものの質を問われる。農業政策はそこまで考えて為すべきである。それと同時に農業はただの一次産業ではないということを銘記すべきである。対談でも相手の伊藤氏が〝農業を六次産業に〟と述べられているが、そのことについては私はもうそれこそ20年以上も前から何度も何度もくり返し言ってきた。

元来農業は一次産業に分類されるが、農業というものは一次産業の狭い枠に納まりきれるものではなく、ゼロ次としての環境保全、二次としての農産加工、三次としての体験、観光。そして四次としての思想、哲学。思想、哲学というのはつまり農を通して工業中心の世の中を相対化したり自分の人生を見つめ直すという作用､働きである。ここで農業といったり農といったりしているが「農」を業の殻の中に閉じこめることさえ、農（業）にとっては不本意なことにちがいない。

農の間口は広く、その場もまた広大である。一次産業の鎖をはずしてみれば、二次的、三次的、四次的要素をとりこみながら力量をつけ、豊かになりそこで生じた活力が逆に一次的基盤を強化するはずである。それはあたかも葉面散布によって葉面より吸収した養分を逆に根に送りこむようなものである。

私は農業を始め、今年で36年になるが、その間無数の農業志願者が我が家を訪ねてきた。その動機は様々であったが、稼ぎがいいという理由で来た人は誰もいなかった。それよりも「本当の生き方を求めて」とか「土に根ざした生活をしたい」という人が殆どだった。

現代人は大多数が都市に住んでいる。都市生活というのは、田舎とちがい不特定多数の一人として生きる要素が強い。地域性も人間関係も共に希薄だし、自然とのつながりも少ない。うっかりしていると自分の存在が抽象的になっている。コンピューターみたいなバーチャルな世界を毎日相手にしていると、益々そうなるのかもしれない。

最近はそういう抽象化から脱出して、リアルな自分を取り戻したい人が沢山訪ねてくる。彼らが農を業《なりわい》とする道に入ったとしてもまずコスト計算などということはしない。私とて右に同じでドンブリ勘定でやってきたが、自然に対し真摯でかつ勤勉でありさえすれば、何とかやっていけるものである。

徴農制

もう一つ、この対談の内容で、取りあげたいのは、これまた丹羽氏の提唱する徴農制である。
「国立大学で農業を単位制にして、農繁期に農家の手伝いをさせるのです。いま地方では小学校や中学校の教室も空いているでしょうから、そこに泊まらせる。そして農業に携わるおじいさん、おばあさんの手伝いをさせるのです。きちんと働いたら単位を与える。そうすれば若者の体も鍛えられるし、農作物をつくる喜びもわかります。そして農業をやることが、国益にかなっていることを教えるのです」。

この提案には両手をあげて賛成したい。大学生ばかりでなく、小学校や中学校のカリキュラムの中にも是非入れてもらいたい。大学生になってから農に接するのと、子供の時に接するのとでは、その意味も少しちがってくる。子供の時に、身体や感性を通して農を知るのも大切である。

この提案をきいて思い出したが、私は前々から「国民皆農デー」という日を設けたらと提案している。その日は、ビジネスはみんなお休みにして、国民全てが農に関わる。市民農園もベランダ農園も屋上農園も大盛況。永田町にも霞ヶ関にも畑や水田を造成し、政治家や官僚も、この日は草の1本でも引いてもらいたい。

それから言い忘れていたが、アグリカルチャーランドの構想なんてのもどうだろう。これも20年程前に書いた。現在では伊賀の「モクモク手づくりファーム」など、アグリカルチャーランドといってもいいものが出来ている。

私が空想しているのは、カルダンの麦わら帽子にディオールのモンペをはいて、ルイ・ヴィトンの収穫カゴで恋人同士、キュウリやトマトの収穫にうち狂ずというもので、アグリカルチャーランドは今や人気のデートスポットといった具合だ。ミーチャン、ハーチャンも農へ農へとなびいて欲しい。

最後は農業と医療との関わりについてだが、私はかつて「農と医と教育を結ぶ会」というのを主宰していた。この三つは「生命」を共通項にして、親和性の強いものである。農業の教育への関わりは先程述べたので、ここでは農業の医療への関わりについて、述べることにする。

これは二つあって、一つは食べ物を通しての関わりである。病気治療や予防には栄養価の高い安全な食べ物が必要である。医療費の削減のためにも、質を重視する農業への転換をはからねばならない。

もう一つはリハビリ。特に精神疾患のリハビリに成長のスピードの早い花や野菜を育てさせるとよい。そうすれば刻々と変わる植物の変化に関心が向き、内部の精神葛藤の連鎖にヒビが入り、やがて悪循環は断ち切られてしまう。

最後はあなたの問題

以上、まとまりのない雑文になってしまったが、自給率40パーセントのこの国の農業がもし日米FTA（FTA：2国間・地域で物やサービスの貿易自由化を行う自由貿易協定のこと）が締結されれば、米で82パーセント、雑穀で48パーセント、肉類で15パーセントの生産減少がもたらされるという研究もある。

そうなれば自給率はさらに落ち、関税撤廃が現実のものになれば、自給率が12パーセントになるという試算もある。政権交代でイメチェンの民主党に期待するところ大だが、当の民主党がマニフェストで日米FTA締結（農民の反発に遭い、交渉を促進と改めたものの）を掲げたのだから、油断していると、とんでもない方向に行ってしまう。

農業を壊せば、自然も壊れるし、人間の体も壊れるということをよくよく考えて下さいということである。

本当の農業は、自然と共生・調和し、その国の人々の健康を守るものである。元来農業というのは地域や自然や風土と密接に結びついた不便なもので、手軽に持ち運びしたり、代替えしたりできる便利なものではないのだ。

私がいくら声をからして言っても、政治家も一般の国民も何処吹く風というんだったら、この小論を読んでくれたあなた、あなただけでも自分の食い扶持は、自分で作るようにして下さいね。

葦舟と石川仁さん

今年の出会いの会は葦舟の石川仁さんを中心に展開した。葦舟というのは、川原の葦で作った最も原始的な舟で、石川さんはこの舟でいずれ太平洋を渡る計画でいる。

彼は冒険好きな男で、東アフリカからラクダを１頭連れてサハラ砂漠を２７００キロ歩いて横断したそうな。砂漠で人と人とが行きちがう時、守らなければならないルールがある。

それは水を平等に分け合うこと。もし彼が20リットル持っていて、相手が２リットルしか持っていなかったら、（20＋2）÷2＝11だから、相手に９リットルあげねばならない。次の水のあり場までギリギリの量しかもってないとしたら、これは恐怖である。

石川さんもなるべく人に会わないようにと願ったという。しかし２７００キロの長い旅。誰にも行きちがえないなんてことはあり得ない。旅の途中そういう交換は何回か行われる。しかし人にあげたらあげたで、また何処かで水は手にはいる。不思議だけどそうなのだ。それが証拠に石川さんは生きている。

その話をきいた時、このルールは宇宙原理を知っている人が思いついたものだと思った。この約束は多分アラーの神との約束なのだ。砂漠という過酷な環境で極限状態にあった時、助かる方法は宇宙原理と同調することである。「分かち合い」という愛と調和の波動に周波数を合わせるのだ。これはオーストラリアの原住民のアボリジニのやり方とよく似ている。

彼らは砂漠を旅するのに、水も食料も持たずに出発する。最初から宇宙（神といってもいい）に身をあずけてしまうのだ。するとその日その日、必ず何処かで水が見つかり、食料に出くわすという。文明人から見れば、無謀なことに見えるかもしれないが、彼らにすれば、宇宙を母とし宇宙そのものに同化するのだから、これほど心強いこともなかろう。

文明人のアボリジニといえば石川さんだ。葦舟で大西洋を航行中、舟が真二つに折れたそうだ。

だいたいが葦舟そのものがヨットのように自由に向きを変えられるものでなく、彼によれば前から風が吹けば、舟は後に進み、横から吹けば横に流れる。凪になれば舟は止まり、風が吹くまで待っている。

まるで葦舟そのものがアボリジニのような存在だが、その上舟が折れ、舵も折れたとなれば、これはもう大自然の慈悲にすがるしかない。それまで乗組員の間で派閥ができたり、ギクシャクしてあまり雰囲気がよくなかったそうだが、もはやもめている場合ではない。

最寄りの島まで1000キロ。葦舟を中心にした1000キロの同心円状にその島しかない。常識的に考えて、その島に漂着できる可能性は殆どない。しかし石川仁は今も生きている。奇跡が起ったのだ。乗組員全員がアボリジニになった。全員が一つの心になり、調和音を奏で、「我」を天上にあずけた時、その懐に抱かれたのである。

石川さんとの出会いは6月に秩父の長瀞で開かれた「てのひら祭り」である。手作りのグッズを作る若い職人が自分達の作品を持ち寄って店に出すもので、ガラス細工、草木染、アクセサリー、小さな楽器、それに飲食店など、様々な店が並んだ。舞台も用意されていて、大道芸あり、ファイアーショーあり、音楽あり、トークありと多彩な催しもこの祭りをもりあげた。

主催したのは、吉田ケンゴさん、のぶちゃん夫婦（昨冬出会いの里でキャンプをしていた）とその友人達で、ケンゴさんに「何か若い人に話を」と誘われて行ったのである。石川さんを紹介され、「葦舟をやっている」ときき、条件反射的に熊野川に浮かぶ葦舟の映像が目の前に現れる。「葦舟を作るのに幾日で出来るか」ときけば、「一日で」という答え。「いくらぐらいかかるか」には、「川原の葦を集めれば、金はかからない」。これはいいと思い、知り合ったとたん、「君、熊野に来てくれないか」「いいですよ」。といったようなやりとりがあって、第十一回熊野出会いの会に来てもらった次第である。

実際に葦舟を作り、熊野川に浮かべるのは、来春の大型連休前後を予定している。冬の農閑期に葦を集め、その時に備えるつもりである。

葦舟はいわば、熊野川の龍神さんへの奉納である。この大河の恩恵に対する感謝と、その甦りを願ってのことである。舟作りは専門家に委ねるのではなく、その舟に関わった人全員でやる。一人一人の川に対する思いをその舟にこめるのだ。その日はダムを放流してもらい、大斎原《おおゆのはら》から出発する。参加者は地元の人間だけではなく、観光客にも呼びかけたい。

毎年この時期6月1日の鮎の解禁日に先がけて、舟の川開きをする。葦舟だけでなく舟は和舟も出したいし、カヌーでもいい。各々のやり方で熊野川を下る。熊野川に人々の視線が注がれ、そのエネルギーを吸収して、熊野川は傷ついた身体を癒していく。人が干渉することによって破壊した川を、今度は人が関わることによって、川のもつ美とパワーを引き出していく。それは人間の側の視点ではなく、川の側の視点に立って初めて可能になるのである。

熊野川さんの天命が完うされますように！

石川仁さん主宰「カムナ葦船プロジェクト」ＨＰ　http://rainbow.or.tv/kamuna/

私の神経症体験　2

臥褥

　私が森田療法の病院である東京の高良興生院へ入院したのは、1975年2月26日だった。病院に着き簡単な診察を受け、すぐにベッドに横になった。臥褥《がじょく》に入るため、臥褥というのは、森田療法独特のもので、患者は1週間なるべく慰めになるようなものがない部屋で、洗面とトイレ以外は、ベッドに臥したまま、病いと真正面から向き合うのである。森田療法では「煩悶《はんもん》から逃げるな。徹底的に苦しめ」という。

　私が通されたのは、白い壁で囲まれた部屋で、簡単な洗面の設備があった。調度品は机と簡素な洋服ダンス、いかにも病院然としたベッド。それに小さな電気ストーブがあった。枕元の壁には、電気設備を取りはずした様な穴が空いていたが、それすら慰めにできる程、殺風景な空間であった。この部屋の露骨な合理主義を受け入れ、私は改めて前途の多難を覚悟した。症状との孤独で厳しい二人旅があらたに始まる。

　昼間は色々な物音を通して外の気配を感じている。樹々で囲まれた院内は普段は静まり返っていた。雪解けの雫の落ちる音がきこえる。時にバサッという大きな音がする。雪が屋根から落ち砕け散るイメージを白い天井に追う。雪に映った陽光の光の束を目頭に感じている。1日に数回、窓の外を通る入院者達の話声がきこえる。部屋の外はまるでおとぎの国のように華やいで、好奇に満ちている。

しかし一転夜になると、事情は全くちがってくる。周りが暗くなり、人の活動が止むと、闇の中から浮かび上るように、廊下で秒を刻む柱時計の音がはっきりきこえてくる。それでも宵のうちはまだいい。想像の上だけでも娑婆《しゃば》の人達と時間を共有できるからだ。皆が眠ってしまう深夜から朝にかけてが一番辛い。その無限とも思える時間を、苦悶とずっと向き合っている。時には真夜中に起き上って、ストーブのスイッチを入れる。ジーンと音がして、２本の細い筒が、そこだけつましく赤になる。手をかざしてしばらくその赤を見つめている。

臥褥に入って、３、４日過ぎた頃、空いていた隣室に新しい入院者が入った。どんな人か分からないが、隣人は気になるものだ。食事が終ると、食器を部屋の外に出すのだが、その相手の気配のまだ残っている食器が唯一の情報源だ。この人の食器はいつもだいたいきれいになっていた。食欲どころでない私は、たいてい残していたので、それを見ては「ああ俺の方がジュウショウなんだ」と、益々落ち込んでいた。

食事は先輩の入院者が部屋まで運んでくれる。ドアがノックされる。「どうぞ」と言っても、なかなかドアを開けない人がいる。行ってしまったのだろうかと思うほど長い時もある。普通、神経症というのは外見ではなかなか分からないものだが、この人の場合は一見してそれと分かるものだった。一体この人は何に苦しんでいるのだろうか。

森田療法

１週間すると、ベッドを離れ、外の空気が吸えるようになる。森田全集では臥褥が空けたとたんに治ったというのが何例もあるが、僥幸《ぎょうこう》は起らなかった。一つの難関は突破したが、「もしかして」の期待を裏切られた落胆の方が大きかった。

一人ゆっくり院内を歩く。１週間見続けた白い壁と白い天井の残像の上に映る院内の情景は、実に様々な変化に富んでいて、実際よりもはるかに広く見える。自分の症状にとらわれ、その変化に一喜一憂し、自分の偏狭な小宇宙に幽閉された入院者の心を、外界に連れ出し、客観世界に誘導するための工夫が色々凝らしてある。

起伏や障害物を利用して院内一周のゴルフコースが設けてあったり、小さな池があったりする。池の中では、樹々からもれる陽を浮べて金魚が泳いでいる。

多種多様な樹木が植えられ、特に桃、梅、あんず、木れん、ライラック、海棠といった、花を楽しめる木が多い。

樹々の間には「不安常住」というような文句を書いた木の札が立っている。日当たりのいい場所には花壇があり、植木鉢が置いてある。木のないスペースには卓球台があり、ピンポンの音が青い空にはずんでいる。庭と反対側の隅には焼却炉があり、その奥には燃料用や木工用の廃材置場がある。どんづまりは風呂のたき口である。

私のいるこの病院は高良興生院といい、森田の弟子である高良武久という人がここのボスである。森田療法は保険がきかず、１日６０００円の入院費は、当時としてはかなり高額で、治るまでとい

う より金が尽きるまでという人もいた。

私は別に金に困っていた訳ではないが入院は２ヵ月と決めていた。高良先生は当時既に80歳くらいで、治療には直接携わっておられなかった。森田のような独創性や強烈な個性はないが、なかなか冷静で知的な人である。

森田療法というのは、森田正馬という人のパーソナリティーに負う所が大きく（この点甲田療法と甲田光雄先生の関係とよく似ている）、生きた森田を通して最大の治療効果が発現されると思われるのだが、それを森田から半ば切り離し、平々凡々な医者でも治療できるような形に普遍化しなおしたという点においては、高良先生の功績も大きなものがあると思う。そのことによって治療効果は薄まったが間口はずっと広くなった。

ただ私はその頃、森田に心酔していたので、森田以外の医者は十把ひとからげで皆頼りなく見えた。それ故入院の心構えとしてまず自分に課したのは、生身の医者の背後に森田の姿を見、森田がしゃべっていると思いこんできくという態度だった。森田は多くの患者にとって、医者としてだけでなく、師として仰ぎ見られる存在であった。

興生院では医者と患者の間はそんな濃厚な関係ではなく、良くも悪くもサラリーマン的であった。しかし生半可に知的で小生意気な私としては、森田先生と別な人格の医者に森田の雛形として振るまわれるより、少々味は薄くても、サラリとして都会的なこの病院のやり方の方が性に合っていた。

私は医者の指示に従ったが、医者を頼ることはしなかった。自主的に自分を律し、自分の判断で行動した。娑婆での私は、相当奔放でやんちゃであったが、院内では院内の規範を尊重し、自己のペースに巻き込まれないようにした。森田理論を実践するというのは、私という人間の大いなる改造でもあった。森田理論はかなり精通していたので、先生方の講話をきいても、さほど刺激されることはなかったが、謙虚に拝聴するよう心掛けた。心の矯正はまず態度の矯正だと思ったのである。事実その通り続けていれば、まがいものでもだんだんそれらしくなり、ある種の内面の変化を引き起こすという体験をした。

様々な神経症

院内の1日は朝の掃除から始まる。その時既に起きている誰かが7時にチャイムをたたく。不安で眠れない私はとっくの昔に起きてホウキを持っている。ベッドで不安と格闘しているより、身体を動かしているほうが楽なのだ。「修行にホウキはつきものだな」と一人苦笑していることもある。臥褥が空け4、5日もすると、院内の様子も大分解ってきて、色々な人と話すようになる。私の部屋に食事を運んでくれた例の人に思い切って尋ねてみた。「Bさん、あなたは何処が悪いんですか」。彼は、はにかみ気味の力のない笑みを浮べ、「僕は刃物恐怖なんですよ」。これは強迫神経症の一種で、他に不潔恐怖、計算恐怖、確認恐怖など様々なものがある。彼の場合は、あちこちから刃物が出ているように思え、そんなことはないと知っているのだが、それを確かめてからでないと行動に移せないのだ。食事の時も茶碗を見つめ、人が食べ終った頃、やっと食べ始めるといった具合である。

Tさんは、見たところ何処がおかしいのか全く分からない。きいてみるが、「そのうち分かりますよ」といって周りの人と顔を見合わせて笑っている。さてその日の夜のミーティング。順番に自己紹介し、彼の番になった。と、そこで突然流れが止まる。「タッ、タッ、タッ」と自分の頭音をくり返すが、後が出てこない。つまりこの人は自分の名前が言えなかったのである。

心の悩みは、人各々色々あるが、神経症の「とらわれ」の内容をきくと、「何だそれぐらいのこと」と笑い出すようなことが多い。しかし神経症の場合、問題にしなくてはならないのは、「とらわれ」の内容ではなく、「とらわれ」そのものなのだ。その「とらわれ」を生んでいるのは、生き物なら誰でも持っている自己防御本能である。

これは危険に遭遇したとき必要な装置なのだが、それが別に危険でもないものに対し、異常に過敏に働き、反芻をくり返すのが「とらわれ」なのだ。その点では、免疫作用において、さして危険でもない抗原に対し過敏に反応するアレルギーとそのメカニズムはよく似ている。正常なら、普段鞘に収められているその装置が、「とらわれ」の対象に対して高いアンテナまで張り、剥き出しの状態のままおかれているのである。

さて当の私であるが、すべり出しはまあまあ順調であったのだが、起床10日目ぐらいから、３日間非常に強い不安に見舞われた。余りに耐え難いので３日目にとうとう看護婦に薬を出して欲しいと所望する。主治医が了解したと言って、彼女が薬を持って来てくれた。まさにその時症状が少し軽くなって、結局そのまま薬に手をつけずに済んだ。この時、もし薬に手を出していたら、回復はずっと遅れただろう。

後になって医者に「あれ程の苦痛に耐えるのは３日が限界だ」と言われた。ギリギリまで我慢したおかげで、自然に不安が去ったのだろう。家で経験した劇症不安の時は、失神して眠ってしまったが、人間の生理とはそういう風にできているものなのだ。

観光立国

前原誠司国土交通相が日本を観光立国にするというようなことを言っている。観光立国というのは懐かしいコトバだ。昭和20年代、まだ日本が貧しかった頃、小学校の先生からよく聞かされた。「日本は資源のない国だから観光でいくのがいい」と。

我が国は石炭、石油、鉄鉱石といった類いの工業資源はあまりないが、水や緑、古い文化遺産といった観光資源には恵まれている。そして観光資源は工業資源より下に位置するものでなく人間の生命や生存にとっては、工業資源より観光資源の方がより基本的で大切なものに思える。

観光とは光を観ると書く。光というのは、この宇宙にあって最も根源的なものだ。生存する全ては光で成り立っていると言ってもいいくらいである。観光客は光を観に来る。水や緑や文化遺産の中に。しかしその光が最も魅力的に観光客の心に映ずるのは、迎える人の心の光であるだろう。心の光といっても一朝一夕に成るものではない。それこそ長い年月をかけて育み培っていくもの。本当の意味の無形文化財である。

そう考えると、真の観光立国たらんとすれば、相当成熟した国でなければならないことになる。前原国交相がそこまでの見識をもって観光立国を目指そうというのなら大賛成である。

２００９年冬

川の詣で道

先日、桧杖《ひづえ》の荘司さんから電話があり、これから舟で大斎原まで来ると言う。前日の雨で遡行《そこう》するだけの水はある。桧杖と言えば、随分下流で河口に近い。２時間40分くらいかかるという。待機していると、２度目の電話。小山君と二人で家を飛び出す。

高津橋《たかつばし》の所まで行くと、丁度橋をくぐったばかり。追いかけ「杜の郷」の所で手を振ったが気づかない。舟には二人乗っている。今度は先回りして備崎《そなえざき》の橋の上で待っている。「おお、見えてきた」小さな点が少しずつ形を成してくる。オレンジ色の浮き服がよく目立つ。

エンジン音できこえないと思い声を上げないで手だけ振るが、やはり全く気づかない。橋の下を通過してしまったので背中に向って、大声で叫ぶ。大声に気づいたらしく荘司さんが手を振る。80歳過ぎているのに耳はいいんだな。何か映画のワンシーンのようだ。すぐに大斎原に向う。車を降り、ごつごつした石の上を舟の到着地点まで走っていく。本宮まで舟で上ってきたのは三十数年振りという。２００９年11月14日、記念すべき日だ。

小山君と別かれ、同行者の息子さんと３人で早速本宮大社にお参りする。正月の準備に忙しい宮司には報告できなかったが、神様には報告し、川の詣で道の復活を祈願する。帰りは同舟させてもらい、我が家が見える場所で降ろしてもらうことにする。

舟は快調に水をすべっていくが、せめていつもこのくらいの水量が欲しいと思う。水からながめる陸は新鮮で、よそいきに顔を見せてくれる。日常の現場を遠景で捉えるのもいいものだ。私の目は陸にもあり、陸から自分の乗っている舟を見ていて、景色として川に舟が浮んでいるのはいいなあと思っている。

交通手段としての川舟の役目が終って相当経つが、乗って楽しむための川舟、景観としての川舟の可能性は豊かにある。飛行機で空からの熊野全体を捉えるというのも、それなりの意味はあるが、こうして水の上からゆっくりとした時に身をゆだねて熊野を感じとる時、この地の奥深い襞《ひだ》の中まで、我が身の肌の温かさが浸透していく気がするのである。

高津橋の大分手前で降ろしてもらい、堤防の所まで河原を歩く。足の下に感じる河原は、道からながめる河原よりずっと広くて、生々しい。野球場が百も二百も入る広さに感じられる。このだだっ広い白い寂寥の中で、自分の存在は限りなく小さい。限りなく大きい、偉大なる熊野川。堤防をよじ登り、乗り越えるのに一苦労したが、越えたとたん、娑婆に戻ったという気がした。

みんなまとめて出直しだぁ

野菜の値段が安い。何てことは書きたくないが、これまで幾度書いてきただろう。その昔、舶来品の方が高い時代があったが、現在はなべて国産品の方が高級だ。その国産品の大根が1本88円。キャベツが1個88円。ブロッコリー2個88円。小売り価格がである。出荷価格を考えると腹を立てる元気もなくなる。

私は35年前から百姓をしているが、今の農産物価格はその頃とさして変わらない。35年の経済成長を考慮してみると、実質価格は何分の一かである。自給率を高めようなどというが、これでは高めようがない。

一方、前号の通信でも書いたが、農業基本法（1961年）の頃から現在まで農業人口は8割減ったのに、農業関係の団体職員は、ほぼ同じというのは、普通常識ではちょっと納得がいかない。私自身百姓であるが、百姓相手の組織には、奇々怪々なことがままある。

例えば、農協の購売事業でも、大量に安く仕入れ、それを組合員である百姓に安く販売するのが農協本来のあり方だと思うが、これが正反対で、肥料でも飼料でも資材でも町の業者から買う方がずっと安い。百姓は農協にとって、広告費も販売努力もいらない都合のいい客なのだ。

いや、それならまだいい。百姓は鵜飼いの鵜のようなものかもしれない。鵜飼師のヒモにつながれて田んぼや畑で捕まえた鮎を取り上げられる。農協はそれを農協貯金の運用機関としての農林中央金庫に運び入れる。これを使って元農林水省の官僚がアメリカの金融機関を相手に大バクチを張って、スッテンテンになったのだ。

農林中金は既に2008年4月までに、手を出した金融商品の暴落で大損を出しているにも関わらず、更に別の金融商品をどんどん買い増して、昨年9月のリーマン・ショックで目も当てられない惨状となったのである。これらの時期を通じての実損はおよそ15兆円になるだろうという説もあるが、確かなことは分からない。

この金融商品というのはどんなものかというと、例えばCDSという証券化商品は、ある企業の倒産リスクそのものを保険商品にしたものである。破綻する前のリーマン・ブラザーズの倒産リスクをAIGという保険会社が金融商品に組み立て、それを農林中金（ノータリン金中毒）が買っていた。リーマンがつぶれなければ、年率8パーセントくらいの高金利の収益があったのであるが、お目出たくも潰れてしまった。こんな危険で退廃した火遊びをして、再起不能な火傷を負ってしまったのである。

サブプライムローンを証券化した商品といい、会社の倒産リスクを商品化したものといい、金融商品などというものは、とても健全な思考土壌で生まれたものとはいい難い。まるで百鬼夜行、下手に関わると取って食われてしまう。

資本主義が既に寿命を迎え、巨大金融機関は生業だけでは食っていけず、金融工学などというインチキ科学を駆使して、次々と奇怪な証券化商品を作り出し、ご丁寧に格付け機関まで役者を揃え、壮大なイカサマバクチの賭場を開いていたのである。百姓が1本50円や100円の大根を売って稼いだリアリズムの詰った金が、よりによってこんな実体のない蜃気楼みたいなものに奪われているのである。ついでだから言うがこれは私が関わった実話です。漫画みたいな話だけど。

私がまだ河内にいた頃、地元の農協が金融で大失態をやらかした。不正融資で19億もの焦げつきを作ってしまったのだ。農協というのは、銀行や企業と同じことをしているのに、その中身は非常に甘くて杜撰《ずさん》で、組合長と参事（経営のプロ）がつるめば、悪いこともし放題といった前近代的な組織なのだ（もっとも近代的な組織であっても悪事のやり方が巧妙なだけで、本質はあまり変わらないが）。

「さあ、大変。誰が責任とるんだ」ということになった時、定款を見ると、理事が責任を負うと書いてある。理事といっても百姓のオッサンである。会議で貸借対照表なんて見せられても解らない。粉飾であっても、水増しであっても、何でも「意義なーし」である。その結果、この始末。

理事はだいたい各集落から二人。まあ一種の名誉職。ところがどっこい、こんな重い責任があったとは。いざとなったら無知な人間に責任を被せ、組織は生きのびる。キタナイやり方だ。田んぼを売って弁償ということになる。しかし理事とすれば、交通事故か詐欺に遭ったような感覚。集落の人もそれは、お前の自己責任だよとは言わない。その結果、どうなったかというと、集落の共有財産を出してやろうということになった。河内は雨が少ないのでため池がある。しかし農家が少なくなって、ため池が不必要になったので、埋めたてて宅地として売った。その金である。先祖が築き守ってきた財産を、まさにドブに捨てるに等しい。

だいたいが、農協組織と集落とは法的に何も関係がない。一番悪いのは借りた金を返さない奴だ。

それと同じぐらい悪いのは、組織を私物化した組合長と参事だ。次に悪いのは農協の組織そのものだが、ひょっとしたらこれが一番の悪玉かもしれない。その次は当然理事となる。認識が甘いと言われても、言い訳はできまい。そして結局誰が責任をとったかと言うと（一部は理事に負担させたものの）何も悪くない集落で、先祖が残してくれた億というその集落の共有財産が一瞬のうちに消えてしまったのである。

私はその頃まだ若かったが、その不条理さはよく解ったので、筋道を立てて話すと、多くの人がそれに賛同し、何人もの人から「寄り合いで、そのことをしゃべってくれ」と頼まれた。さてその当日、予定通りにしゃべり、「みなさん、そう思いませんか」と呼びかけるが、皆下を向いて誰一人「その通りだ」と言ってくれない。振り上げたコブシを何処にやればいいんだろう。このままではオレ一人が悪者になる。私はとっさに舵を切り変え、「オレが言ったのは、理屈としては正しいと思うけど、人情としては、やはりムラの金で助けてやった方がいいのじゃないか」と、言ってしまったのである。いいも悪いもムラというのは、そういう所で、そこに住む人はそういう人なのだ。それを巧みに利用して、甘い汁を吸っているのが農協をめぐる組織だと言える。

1本88円の大根と15兆円という天文学的な数字の大損。これは太いパイプでつながっていて、そこに物言わぬ百姓がいて、それを利用する農協があり、農業を蔑視する民がいて、金属疲労を起した資本主義がある。みんなまとめて出直しだぁ。

ちょっと一服

「うすバカ、下郎」って誰のことか知っていますか。私は小さい頃からコトバに興味があったのですが、よくまちがって使っていました。実はこれは「薄羽カゲロウ」というトンボみたいな虫のことです。アリ地獄の親ですよ。ずうっと長い間「うすバカ、下郎」と思っていて、ある時、突然「あっ」と気づいたんです。

中学生の時、赤銅鈴之助という歌が流行りました。〝剣をとっては日本一の夢は大きな少年剣士、親はいないが元気な笑顔……〟というのですが、「おや」の所が「ぼうや」にきこえるんですね。私はこの時も、おかしいなと思いながら、「ぼうやはいないが」と唄っていたのですが、幼稚園児から注意されて恥をかきました。

極めつけは、「緑のそよ風いい日だね、蝶々もヒラヒラ豆の花、七色畑に妹のつまみ菜摘む手が可愛いな」という歌があるでしょう。これを私は30代半ばまでこんな風に唄っていたのです。「緑のその風いい日だね、蝶々もヒラヒラ豆の花、七色畑に見事なツグミのつぶてが可愛いな」というものです。これをきいた私の友人はひっくり返ってしまいました。

これは覚えまちがいじゃないんですが、村田英雄の「王将」というのがあるでしょう。「吹けば飛ぶよな将棋の駒に懸けた命を笑わば笑え、生まれ浪速の八百八橋月も知ってる俺らの意気地」というのですが、ある時、「月も知ってる」という所を東北の人が「月も知《ス》ってる」と唄ったら面白いだろうなと思ったのです。そうすると「月も吸ってる俺らの生き血」となって、一瞬にして怪奇ものに変るじゃないですか。

最後は都はるみの「北の宿」です。「あなた変わりはないですか、夜毎寒さがつのります、着てはもらえぬセーターを寒さこらえて編んでます」。肝腎なのは次なのです。「女心の未練でしょう」が正確なのですが、字足らずなので、多くのカラオケファンは「未練でしょうか」と唄ってしまうのです。作家の井上ひさしは、それがきいていられなくて、「ちがう、ちがう」と訂正して回るそうですが、気持よく唄ってる人に、叱られたり、怒鳴られたり、あまり感謝されることはありません。井上さんはコトバが商売道具の作家ですから、気になってならないのです。

「か」をつけてしまうだけで、この歌は死んでしまいます。みなさんお解かりでしょうか。「未練でしょう」といい切るこの女性は魅力的です。未練を認め、自分の心に閉じこめ引き受けています。未練がましく男の後を追ったりしません。本当の意味の「あきらめ」を知っています。でも「未練でしょうか」は、相手の何かを期待しています。人間として甘く、依存的です。男にそのセーターを着せようとするでしょう。セーター持って男を追っていくでしょう。たった一字でこんなにもちがってしまいます。これを作詞した阿久悠さんはそのことをよく知っていて、敢えて字足らずにしたんですねえ。

私の神経症体験　3

シーシュポスの神話と正受不受

この3日間の大波を乗り切って4日目、つまり臥褥が終って起床17日目のことである。寝る前に考えた。「神経症は苦しい、辛い。死ぬほど辛い。毎日毎日五十音を始めから終りまで何度も何度もくり返す如く、気づいたらまたも『あ』から始めている。一体こんなことでいいのだろうか。こんなに苦しい思いをしても、それはただ神経症の苦しみに耐えているだけで、克服に向っていない。この堂々めぐり。ホトホト疲れた」。

ええい！　どのみち苦しいのなら、耐えることより、もっと積極的に苦しみを求めて、こちらからなぐりこみをかけてやろうと思った。窮鼠《きゅうそ》猫を噛むといった心境だったのだろう。その時、文学青年の私の脳裡に浮んだのは、カミュの『シーシュポスの神話』だった。「神々がシーシュポスに課した刑罰は、休みなく岩をころがして、ある山の頂きまで運び上げるというものであったが、ひとたび山頂まで達すると、岩はそれ自体の重さでいつもころがり落ちてしまうのであった。無益で希望のない労働ほど怖ろしい懲罰はないと神々が考えたのは、たしかにいくらかはもっともなことであった」。

私はその時、シーシュポスになろうと思ったのである。そう思った瞬間、何かがふっ切れて、薄光が射した。「あっ、これだ」。それは丁度泳ぎを覚える時、初めて自分の体が水に浮いた感覚と似ていた。この時、神経症克服の最大の手がかりを得たのである。明らかに敵のシッポが見えたのだ。私はこの誕生したばかりの、ちょっとした刺激にも毀《こわ》れそうな感覚をしっかり覚えこんで心にしまいこんだ。この感覚は以後の私の神経症克服への道明りとなるのである。この時の不思議な解放感は、苦しみを排除しようという葛藤をやめて、曲りなりにもそれを受容したことによるものである。ここで排除に向っていたエネルギーが停止し、幻映の悪魔を生み出せなくなったのだ。

これを森田は「正受不受」と言っている。禅のコトバだそうだ。興生院の作業室の壁にも貼られていた。詳しい意味は知らないが、読んで字の如く、「正しく受ければ、受けずも同じ」ということだろう。例えば、速球投手のボールを下手に受ければ手が痛くて受けられないが、うまく受けると何でもないといったような意味である。

今まで森田療法の世界をハイハイしていた私も、やっと伝い歩きが出来るようになったのである。神経症という魔球を今初めて森田療法というグローブで受けとめたのかもしれない。この日を境にして、私の院内での行動がキビキビしたものとなり、日常が着実に蓄積されていくのが自覚できるようになった。その距離は分からないが、目標地点が射程に入ったという健康な想念が私をひっぱっていった。とはいっても心の中はいつもビクビクものだった。リハビリの回復期の人が一歩一歩足元を確かめるように歩いているようなものだった。

後にそのたどった軌跡を俯瞰してみると、ほぼ一直線に快方に向っているが、現実の一瞬、一瞬においては、やはり様々な起伏があった。その一つひとつの小さな体験の積み重ねを通して、不安は自らのはからいでコントロールしようとするよりも、それをあるがままにしておくと、やがて過ぎ去るものだということが、少しずつ体得されるようになった。これもまた森田がよく引用する禅の文句である。「心は萬境《ばんきょう》に従って転ず。転ずる処、実に能く幽なり。性を認得すれば、喜も無く、亦憂も無き也」。

睡眠薬を断つ

私にとって、次の関所は、睡眠薬を切ることであった。「薬に頼らないように」と別に医者に命ぜられた訳ではないのだが、薬物の世話になることは自分の美学に反するものであった。

この薬を切るための闘いも、かなり熾烈なものであった。ただの不眠症ではなく不安で眠れない訳で、真夜中、周りの闇が一刻一刻の時の流れにのって、不安の領域を広げていく。闇の中で、不安自体が息づいている気配をずっと感じている。何度も起き上って、フトンの上に正座する。その瞬間、部屋の空気が揺れて、不安の密度に濃淡ができる。意識は敏感にその間隙をみつけようとする。かなり緊張している。

この時は入院以来積み上げてきたものを、下手な刺激で瓦解させたくないという保守的な気持が働いていた。神経症にとって逃げの保身は禁物であるが、この時は生まれたての赤ん坊のように自分を大切に扱いたいと思っている。

正座して、誰を想うこともなく、何を考えるでもないが、生きていることへの執着の触手が薄い膜のように全身を包んでいるのを感じている。時計を見、枕元の薬に目をやる。この時、不安に負け、保身に傾くと薬を手にとってしまう。その誘惑をはね返し、再び横になる。不安を排除する気もなく、受け入れる気もないが、時は過ぎ、いつの間にか朝になる。そんな日を一日一日、4日間つなげ、5日目についに眠ることができたのである。

朝、目醒めた時、「とうとうやった」と心で祝盃をあげた。何度も失敗をくり返し、この試みに挑戦して22日目のことだった。青蛙がついに柳の枝をつかまえたのである。この間、睡眠不足で倒れることも、身体を壊すこともなかった。いくら不安に見つめられてさえ、時満ち、身体が要求すれば、ついに眠りは手に入るのだという経験をして、私のコレクションがまた一つ増えた。

陽気なZさん

院内には、様々な神経症の人が居た。大きく分けて、私の様な不安神経症、人に会うことや人の中に出ることに不安を感じ、人を避けようとする対人恐怖症、それに刃物恐怖や不潔恐怖などの強迫神経症など、その他にも神経性の抑うつ病、本物のうつ病、そしてそううつ病の人もいた。こういう人達と一種の下宿のような形で朝から晩まで一緒に暮しているので、後から考えると色々な人間観察が出来て、貴重な体験になったと思っている。

Zさんは、外向的で愉快な人だった。知り合って1週間も経たないうちに、彼から同じ話を三度もきいた。「電車に乗れたんですよ」と誰彼なく捕まえて話している。この人は不安神経症の精神病恐怖である。ある時、新聞か雑誌で〝精神病〟という文字を見たとたん、髪の毛が逆立つ程の恐怖を覚え、それ以後神経症になったということだ。外で発作に襲われることを危惧するあまり、気軽に外出できない。特に電車が苦手である。

彼は臥褥中、「入院したんだ。さあこれで治るぞ」という安心感から、よく眠り、食欲が増し、病院の食事だけでは足りず、看護婦に頼んで、何度もカンヅメや果物を買いに行ってもらったそうだ。世間一般の目で見れば、「そりゃあ、元気で何よりだ」ということになるが、これではまるで臥褥をする意味がない。森田理論では、ごまかしのきかない環境で、病と向き合い、内省を深め、できるだけ苦しみなさいということになっている。

前回にも書いた通り、私にとってこの病院の治療法はあまりこうるさく言われず、人間として対等に扱ってもらえ、自分の自主性が大いに発揮できる機会が常にあり、実り多きものであった。しかし森田理論をあまり学習していない彼のような極楽トンボタイプには、まさに森田のような臨機応変で生活密着型、多弁文学タイプの指導者が必要だろうと思われた。

森田の指導は、通信治療や外来治療もあるが、入院者と生活を共にし、森田自身患者の前に身を晒し、全人教育的な所があった。一方、ここでのやり方は都会的でスマート、悪く言えばサラリーマン的であった。森田理論のエキスをしっかり格子にもち、森田の教祖的、説教的な人間くさい部分を濾過するというやり方である。森田のスートリー性を除去し、プロット（筋）だけ残すというものである。

これはある意味賢明で、森田のやり方をそのまま他人が真似ると、何とも様にならないいやらしさを露呈するであろうことは想像に難くない。森田のコトバは森田のパーソナリティーと不即不離の関係にあり、森田の身体に肉化されたコトバである。それが森田自身の口から発せられるので説得力をもったが、他の医者が同じことを言っても、コトバそのものが羞恥《しゅうち》して、患者の所に届く前に、何処かへ身を隠すにちがいない。

興生院での治療は森田のそれのように、治療者を尊敬するとか、深い人間的影響を受けるとかいうことにならなかった。そういう乾いた治療法は、治療効果という点では森田に一歩も二歩も譲るだろうが、治療が治療者の人格に偏しないという点では、ある普遍性を備えているとも言える。それがこの病院の創始者であり統括者である高良氏のすぐれた所でもあるし、物足りない所でもある。

院内では日常、医者と接する機会はあまりないが、患者同士は一緒に過ごす時間が多いせいもあって、もっと濃密なつき合いをする。だから自分がよくなるということは、森田療法の生きた見本として、医者の言うことより説得力をもつことがしばしばある。そういう意味で、Zさんは私のアドバイスをよくきいてくれ、また症状に関する相談を度々受けた。

彼の関心事は、いかにすれば不安が軽減するか、また解消するかに集中していた。症状そのものに関心を向けているうちは、けっしてよくならないのだが、いくら説明しても百遍も二百遍もくり返し同じことをきくのであった。私のアドバイスは、「症状をそのままにして、目的本位の行動をとること、おかれた場での日常生活を大切にすること」というのであった。「Zさん、あなたは水に濡れないで、泳ぎを覚えようとしているが、そんなうまい方法がありますか」とも言った。

Dさんとあきらめる

もう一人印象に残る人がいた。心臓神経症のDさんである。この人は入院が今回初めてではなく、仕事の空いた時間に何度も入院していた。心臓神経症は、今はパニック障害などと呼ばれる、比較的多い病気で、やはり不安神経症の一種である。

ある時、外出先で心悸亢進《しんきこうしん》発作を起し、それを予期恐怖するようになり、殆どといっていい程外出できない。そんな事情で塾の教師をしている。私も当時塾の教師をし、出身大学も同じ、年格好も同じ、若白髪も同じで、何だか似ているなと周りの人に言われた。

彼はある時、こんなことを言った。「俺が女房と子供にしてやれることは、あいつらの前でせめてニッコリ微笑んでやることだ」。それをきいた人が「Dさんは悟っているネ」と言ったが、私は「何て情けないことを言う人だ」と思った。その様に「あきらめ」てしまう程、長くて辛い闘病生活だったのだろう。

しかしそれは森田療法的ではない。正岡子規の如く死に見入られ、動けなくなっても枕を杖にして、生を謳歌するというのが、森田の世界なのだ。彼は森田理論を十分理解する能力がありながら、全く学習しようとしなかった。「理屈では治らぬ」が口癖で、その傘の下から出ようとしなかったが、せめて「理屈だけでは治らぬ」の域まで進んでもらいたかった。

「あきらめる」にしても、森田療法のそれはもっと積極的なものである。「あきらめる」は文語の「あきらむ」からきている。つまり物事を明らかにして、はっきり見定めることである。「明く」の前提として「開く」がある。物事をつきつめて考えていくと想念が満ちてゆく。そしてあるいは融合し、あるいはぶつかり、その運動のもつエネルギーが、ある閾値を超えた時、ついに閉ざされた空間が外に向って開く。そこから射しこむ光で、想念の正体が照らし出され、その実相が浮びあがる。それが深層の意味における「あきらめる」である。

私は学生時代、少しばかり中国語をかじったが、中国語でも「あきらめる」は「想開」という。「あきらめる」にしろ「想開」にしろ、考えられているよりもっと能動的な行為で、自分のおかれた状態、状況をよく認識し、できることと、できないことを、ぎりぎりで見定めるということであり、一種の「覚悟」を伴うのである。彼が奥さんや子供の前で絶やすまいとする弱々しい微笑みの底には、「あきらめる」ことの誤解がある。

本当の「あきらめ」とは、〝症状は過去の総体として、自分が作り出したものだから受け入れよう（つまり仕方ないからあきらめよう）。しかし一人前の人間として、女房や子供のためにも、外出せずに暮すことはできないのだから、発作が起っても起らなくてもやるべきことはやろう〟ということなのだ。真の意味の「あきらめ」を「逃げ」にすりかえる。そのような行動パターンの中からは、いくら入退院をくり返しても、克服の糸口は見えてこない。森田療法では、この真の意味の「あきらめ」を「あるがまま」と言っているようである。その頃、私はこのことを実践として解りつつあったので、Dさんをはがゆい思いで見ていた。普通退院する時は、医者を含め、みんなが門の所で歌を唄って送り出すのだが、彼は二、三の親しい人にこっそり告げただけで、夜陰にまぎれて退院していった。

入院者の中で、一番多いのは対人恐怖症だった。これはムラ社会を文化的な基盤にもつ日本の特異的な現象だと言われる。ムラ社会では限られた一定の場所で、毎日死ぬまで同じ人達と顔を合わせ、生活を共にするという気苦労の多い人間関係が存在する。ムラ社会では「出る杭は打たれる」

という如く、個よりもまず全体の協調性が重要視され、人にどう思われているか、人にどう見られるかという相手の視線を意識しなければ生きられないのである。もしそれを無視すると手痛いシッペ返しを食う。

都会に出て勤め人になっても、その本質は変らない。会社、役所、学校もムラ社会そのものだと言える。国会議事堂の中もそうである。市民運動の中でさえ似たようなことが言える。これは文化の問題だからいいとか悪いとかの問題ではないが、そういう文化的風土の中で培われるのが対人恐怖症である。もっとも昨今は対人恐怖症より、うつ病の人が増えているようだ。これはひょっとして日本型ムラ社会が崩壊して、一人ひとりが他人の大海に投げ出されたからかもしれないが、このことについては別の機会に考えてみたい。

対人恐怖症の人は人前に出るのを嫌がる。入院者の中でもひどい人は、部屋から出るのさえ厭う。電車に乗れば、必ずドアの所に立って、他人と視線が合わないように外を見る。自分の一挙手一動に視線の刃を感じている。しかし彼は本当の人嫌いではない。それどころか人と交わりたい、人によく思われたい、人に愛されたいと思っている。思いながらできないので煩悶するのである。「人を見る時、目つきが変になる」とか「顔がゆがんでしまう」とか、「みんなが自分を見ているような気がする」とか「人からつまらない人間と思われているのではなかろうか」といったことを気にする。それを気にし、うまくやろうとすれば、益々ぎこちなくなるのである。しかし他人は本人が思っている程、彼を注目している訳ではない。これもやはり一人相撲なのだ。

かつて対人恐怖症の人が「自分はひどい時には、鯉の顔も正視できなかった」と言った。その時森田は「何故正視できないか、分かるか」と尋ねる。しばらく答えられないでいると、「それは鯉を見た時、鯉を見ないで、人に対した時の、自分の気持ばかりを見つめるからだ」と、森田は教えるのである。自分の心ばかり覗いているというのは、不安神経症も強迫神経症も対人恐怖症も皆同じなのだが、病気で苦しんでいる時は、互いが互いの悩みをよく理解できないで、「この人は何でそんなことぐらいで苦しんでいるんだろう」といぶかしがり、皆、自分が一等苦しいと思っているのである。私の観察した所では、不安神経症の人は割合陽気で外向的、可愛がられ、甘やかされて育った人に多く、対人恐怖症の人は、内向的で、比較的厳しくしつけられて育った人に多い。そしてもう一つのグループはうつ病だが、長くなりそうなので、これは割愛する。

トウモロコシとぼたん

さて本人のことに戻るが、私が退院を決意したのは、起床32日目である。入院は森田正馬全集の入院患者の日記を見て、全快して退院するものだと思っていたのだが、ここで暮すうちに、やはり娑婆《しゃば》の日常実践を通し、もっと長い年月をかけて克服するものだということが解ってきた。それ故、不安ではあったが、思い切って外に出ようと思ったのだ。塾の生徒には2カ月したら帰ると言ってきたので、丁度2カ月目に退院することに決め、その9日後に医者に告げた。見切り発車して途中で撤回するようなことがあるときまりが悪いので、しばらく自分の様子を観察していたのだ。

医者の返事は勿論OKだった。その頃、私は病院内ではかなりの優等生で娯楽室で教養講座や、自分の部屋で神経症克服講座を開いたりしていた。また院内にうるおいをと木札に俳句を墨で書い

て、木にぶらさげたりもした。例えば

行き過ぎて尚連ぎようの花明かり
妻と子の何興ずるや花あんず
さりげなくリラの花とり髪に挿し

といった具合である。残念ながら私の句は見劣りして発表できない。退院までに体験記を書くように、医者から勧められたが、いざ書き始めると不安が強く中断。結局、体験記を冷静に書けるようになったのは、退院後1年経ってからである。

この様に入院生活の後半は、不安を抱えながらも充実した生活を送っていたのであるが、退院の日を告げた前日に、私が百姓するきっかけになった極めて重大な出来事が起っている。

入院者が連れ立って、深大寺にツツジを見に行った。全員心に病をかかえているので花見に行ったって面白いはずがない。しかし、たまには浮世の春につき合おうと、酒ももたず、足取りけっして軽やかならず目的地に向う。こんなみじめな花見をしている人はいないだろうなと思いながら、この無味乾燥さを楽しんでやれと思っているもう一人の自分も確かにいる。

帰路、新宿の駅の構内の花屋さんで、素晴らしいぼたんの花を見る。私はこの優美で泰然とした花に強くひかれ、しばらくながめていた。その時ふと花ばかりの病院の庭に野菜を植えてみたくなり、１袋１００円也のトウモロコシの種を買う。

表紙のことば

秋深くなって、夏野菜は次々とお勤めを終えてゆく中、万願寺トウガラシだけがいつまでも元気で、かたづけずにそのままにしてあった。もっぱら冬野菜のシーズン、万願寺のことはすっかり忘れていて、今日（12月13日）たまたま見ると、まだ青々として実をつけている。幾度も霜の洗礼を受けているのに、お前、まだ頑張っていたのか。何と逞しく尊い生命よと思わず抱きしめたくなった。

水菜の葉っぱの切れこみは益々深くなり、白菜も質量感を増してきた。大根も冬の気をいっぱい貯め、はちきれんばかり。ニンジンの朱が冬陽にまぶしい。

恐慌もさけて通るか朱人参

通信の表紙にいきなり恐慌とは穏やかではないが、世の中はそのぐらい深刻な情勢である。先日、「全国農家の会」（メンバーが40人程度いて、毎年集まりをもっている）に出席したが、その話し合いの中で、農業は自分の代でやめるという話が続出した。ここまで農業が追いつめられて、もはや他人のために米や野菜を作るのはもうこりごりという。しかし自分や家族の食べる物は作り続けるだろう。商売用の土地は売っても、自給用の土地は手放さない。それが百姓のしたたかさだ。

さて、そろそろ本論に入る。出会いの里は辺境の地にあるので、現金収入を得るのが大変である。

この16人の家族を養うのに四苦八苦している。私は野菜作りがプロの百姓であるが、現金収入を得るため慣れない養鶏や民宿も始めた。

この間朝のミーティングの時、穀物相場の話が出た。何処の国も、銀行や証券会社や企業を助けるためにお札を刷りまくっている。この金が穀物市場に流れたら飼料は暴騰、トウモロコシや大豆粕が買えなくなる。

私は言った。「それなら養鶏をやめればいい。野菜クズと糠や小米で20羽程度飼おう。現金収入

熊野出会いの里
くまの
2009年
冬
号
恐慌も
さけて通るか
朱人参

がなくなるから不必要なものは棄てる。車も携帯も棄てればいい。ここには水も食べ物も寝床も燃料もある。それだけあれば充分だ。金銭が役に立たなくなって生活経済の時代になれば、山手で暮すのが断然有利。木の実がある、山菜やキノコがある。食料になる動物がいる。燃料も農業資材も手に入る。炭焼きだってできる。何も憂うることはない。遊びや娯楽だっていくらでもある。金がなくなる程、田舎暮し、山暮しは豊かになるのだよ」。

そうなると恐慌も避けて通るし、裂けてしまう。木っ端微塵という訳だ。朱鮮やかなニンジンは出会いの里の豊かな食料の象徴である。

黄門様の印籠みたいなもので、朱のニンジンを見せられると恐慌もまっ青、平伏してしまう。朱人参の後には、あの万願寺トウガラシも、天日干しの米も無農薬の芋もひかえている。更に豊かな山の環境、人の和、熊野の神々という力強い味方があれば、恐慌も何するものぞ。みなさん山暮し、しませんか。

第5章

熊野にいらっしゃい

2010年初夏

満開の桜

満開の桜には興趣をそそられる。年年歳歳花相似たり、歳歳年年人同じからずというが、自分の変化には一向無頓着で来る年も来る年も、この時期になると、桜を見上げて「ああ美しい」と思う。

しかし桜の花はただ美しいだけではない。満開の桜に魔性を感じた作家に「桜の樹の下には」の梶井基次郎と、「桜の森の満開の下」の坂口安吾がいる。梶井の主人公は桜の樹の下に死体が埋っているといい、安吾の主人公は満開の桜の森に鬼を見る。

私はこれらの作家に影響された訳ではないが、満開の桜の下に行くと妖しい気分になる。空から落ちてくる雪をじっと見ていると、空に吸い込まれそうになるが、あれとよく似た感覚で、無涯の花に異次元への通路があって、魔境が口をあけていそうな気がするのである。

でもこの桜は山桜ではなく、染井吉野でなくてはならない。染井吉野は葉より先に花が咲くので、木の生命《いのち》が総て花に集中し、はりつめた緊迫感がある。花に捧げ尽くした華やかな美は、花の命の短さを想起した時、極限の美にまで高められる。

　極限の美はこの世を超えようとする。作家達は、それを自分の手中に納めようとして、死体や鬼を登場させた（安吾の桜は山桜であろうが、桜の森という圧倒的量が妖しさを醸す）。

　私は死体も鬼も要らない。ただその美に驚嘆し、その神秘を仰ぎ見る。満開の桜、特に染井吉野は何故これ程妖艶なのであろう。それは人間が作ったものだからである。人間が人工的に作ったものだからである。人間が人工的に花を強調したために、自然には備わっている調和が失われた。そのひずみが人をひきつけるのだ。その調和の欠いた完璧性が、明る過ぎる美に不安の要素を忍ばせる。人々はその危うい橋を渡って、日頃飼い慣らされた日常の彼方にあるものを見ようとする。

　この季節、こぞって花見にくり出すのは、桜の下でその美しさを賞《め》で酒に酔うためばかりでなく、その妖しさに酔うためでもある。

熊野出会いの会誕生秘話

　熊野出会いの会が近づいてきました。今年で12回目です。第1回目の頃は生まれ故郷の河内を出てすさみ町の佐本《さもと》に居ました。その頃まだ『百姓天国』*を発行していて、『百姓天国』の主催する「百姓出会いの会」を熊野の何処かで開こうとしていたのです。松本淳さんに事務局をしてもらい、呼びかけは私がすることにしました。

しかし考えてみると熊野には百姓が少ない。別に百姓でなくても、熊野地域の何か面白い連中が集まればいいやということで、百姓を人間にまで拡げて「熊野人間出会いの会」たらいう面倒臭い名前にしました。

ところが次の年からは単純に「熊野出会いの会」になりました。出会うのは人と人だけでなく、自然とも出会うし、神とも出会う。また未知の自分とも出会うという訳で、人間などわざわざ付けると懐が浅くなって熊野らしさがなくなるという意見に従いました。百姓から人間へ、そして森羅万象へと進化したのです。

場所は白浜の古賀乃井《こがのい》に決めました。1泊2日、会費は1万円ポッキリ。何故古賀之井かというと、小学生の時泊ったことがあって、憧れの旅館だったからです。一流旅館で選りすぐりの講師の話をきいて、温泉に入り、料理を食べて酒を飲んで1万円というのは格安ですが、沢山の人を集めるためにそう決めたのです。

これでは講師の謝礼どころか交通費も出せないので県や町村を回って、協力費を集めることにしました。しかしこれは予定の行動です。

まず、県の事務所に行き、局長に会って今度の大会の趣旨や意義、内容について説明しました。地域振興を強調し、テーマは農林業、環境、医療、教育など。講師は講演だけでなく、一緒に泊まり、交流会、分科会に出席し、参加者と膝詰めで交わること等を話し、県の協力を仰ぎました。反応は上々で幸先よく、10万円の協力金をいただけることになりました。

これを皮切りに、西牟婁郡《にしむろ》、東牟婁郡《ひがしむろ》の町村をまめに回って、町長を説き伏せました。でもこれには強力な後盾があったのです。

古座川町長の広瀬さんです。彼は先年在職中に、還暦を迎えずして亡くなりましたが、地域を愛し、地域住民に愛されたいい町長でした。私が佐本に入植してまもなく、深谷《ふかたに》のあばら屋を訪ねて来て、「実は今度の選挙で町長に立候補するのだが、もし当選したら色々知恵を貸してもらえないだろうか」と言うので、「喜んで」と答えました。しかし逆にこちらが世話にならなければならなくなったのです。

彼が電話してアポをとってくれた首長とは、スムーズに会って話すことができました。しかし色々難敵もいて、地元のすさみ町の町長には敬遠されて、なかなか会ってもらえなかったし、白浜《しらはま》町も庁舎に何度も足を運び、気の毒に思ってくれた職員が、町長を部屋に閉じ込め無理に会わせてくれたのです。苦虫をかみつぶした様な相手の表情を目の前にして、「よし笑わせてやろう」と思い、何か面白い話をしたのです。町長はユーモアの解る人で、その作戦にすぐに乗ってくれました。

また龍神村では、最初「30分だけ会いましょう」ということだったのですが、気がついたら昼、2時間たっぷり話しました。古久保村長は立ち上って、両手で私の手を取り、「麻野さん、感動しました」といってくれました。それから10年余り、この時をきっかけに龍神村とは今でも浅からぬつき合いが続いています。

中辺路《なかへじ》は現在の田辺市長の真砂さん。この人は若いので乗りもよかった。出会いの会には数回参加してくれているはずです。

本宮《ほんぐう》はどうしたかというと、『百姓天国』の仲間の松井利延さんがいて、彼に町議の鈴木末広さんを、そして鈴木さんに新町長の泉さんを紹介されたのです。泉さんは町長に当選していましたがまだ就任前で、初々しい感じがしました。泉さんも何度も参加してくれています。

鈴木さんは活動的な人で、大会の趣旨をよく理解してくれ、周辺の人に積極的に呼びかけてくれました。次の年も又同じように協力してくれました。私が本宮移住を決めたのは彼の熱心な誘いがあったからです。現在出会いの里のある場所は彼が見つけてくれたものです。

役所ばかりでなく、民間のグループにも呼びかけました。その時一緒について回ってくれたのが、中さんという人です。田辺の花つぼみの会や南部川村清川の梅農家グループ、それに色川《いろかわ》の入植者の人達等も応援してくれました。それから県外については、全国にいる『百姓天国』の会員に郵便で呼びかけました。

講師はどうしたかというと、これはもう最初から勝算がありました。各テーマに沿った内容があって話のうまい人は、私の手持ちの中に何人かいました。まず一番身近では親友の菅野芳秀、彼は山形の置賜《おきたま》百姓交流会のリーダーであり、長井市のレインボープランの委員長でもあります。

レインボープランというのは、台所から出る生ごみを市で堆肥化し、地元の農家がそれを使って安全な野菜を生産し、地元で全て販売するという地域内循環システムのことで、この頃既に世間の脚光を浴びつつありました。

次に農業技術分野では韓国自然農業の趙漢珪《チョウハンギュ》さん。この人の有機農業の技術は傑出したもので、私も色々教わりました。20年近く前に、フィリピンで一番貧しい島といわれているネグロス島の村興しを手伝いに行った時の仲間です。

地域の経済振興ということでは、長野の玉井袈裟男さん。この人は信州の名物男と言われ、信州大学の元先生ですが、百姓のせがれというのが自慢で青白きインテリの心胆寒からしめた、というのはちょっと大げさでしょうか。

最後は治療家の竹中宏さん。彼は勝浦在住で治療するのが飯より好きという人。気功や遠隔治療もできて、この会でデヴューして以降、大会の常連となり、なかなかの人気がありました。

この様に講師陣も個性派で魅力があったこともあり、出席者は３００人を超え、大盛況でした。講師は講演だけでなく、交流会、分科会にも出席し、参加者とざっくばらんに話すというのが、第１回から第12回までこの大会のスタイルになりました。

ご心配いただいた会計の方ですが、県、町村からの協力金が１００万円余り、その他カンパも含めて大分余り、未だ多少の繰越金が残っています。

ただこの10年余りの年月は残酷で、この文に登場する人物の中でも、鈴木、中、竹中、広瀬、玉井の諸氏はあの世に旅立たれました。亡くなった方はなべて活動的で、あの世でも積極的に動いておられることでしょう。

さて今年の大会は、第３回の山水館以来、地元本宮で行います。旅館は湯の峯温泉の湯の峯荘。ここは料理と風呂が評判で、出会いの里の天恵卵や無農薬野菜も使ってくれています。

講師は昨年同様、葦舟の石川仁さん。彼の冒険譚《ぼうけんたん》は深い味わいがあり、神や宇宙に通じるものがあります。翌日は葦舟作りのリーダーになってもらい、翌々日は熊野川に初めて葦舟が浮びます。

二人目は嵩聰久《だけとしひさ》さん。新宮高校出身で、長谷川コーポレーション会長時代に、ふるさとの為にと同級生、友人達と立ち上げた紀州熊野応援団の理事長です。ふる里に寄せる熱い思いと、熊野再生のビジョンを語ってもらいます。

三人目はNHK教育テレビの「日本語で遊ぼう」でおなじみの神田山陽さん。ひょんなことで知り合い今回の登場になりました。出身は網走で、現在もそこに住み、40歳を超え地元の小学校に再入学しました。今年から農業もしたいそうです。けれん味のない芸で、幼児ばかりでなく、その両親にも絶大な人気があります。

そんな訳で熊野出会いの会は今年も元気です。みなさんの多数の参加を期待しています。

＊『百姓天国』…百姓の百姓による地球人のための本で年2回発行。書き手と読み手が一体になった本で、書き手は全て百姓。発行母体は地球百姓ネットワークで、第13集まで発行。第1集は1万2000部完売。90年代には各地で百姓出会いの会を催す。

熊野にいらっしゃい

出会いの里の民宿も、少しずつ訪なう人が増えてきた。泊ってくれた客とはなるべく話す機会を持つようにしている。

先日、5人のグループ客があった。いつものように、熊野川と大塔川《おおとうがわ》が一望できるベランダに「お茶でもどうです」と招待した。皆喜んでやってきて、その景観の素晴らしさや空気のおいしさを目を細めて誉めてくれた。

打ち解けてくると、笑いも混り、出会いの里や熊野のこと等、色々話すようになる。出会いの里を宿に選んでくれるような人は、農業や環境問題、それにスピリチュアルなことに関心をもっている人が多いのだが、この人達はそういう私の話を面白がってきいてくれ、気がついたら昼がとっくに過ぎていた。

彼らは観光客として熊野を何度か訪れているが、どうもそれだけでは飽き足らないらしい。熊野を外側から体験するのではなく、内側から体験したい。ながめているのではなく参加したいという思いがある。

永遠に続くと思われていた右肩上がりの経済成長も終焉し、それを確認し、受け入れるだけの時間も経った。この間に時代の変化を読み取った人達は、戦後アメリカによってもたらされた物量崇拝を卒業し、興味の対象を心や魂あるいは環境といったものに傾斜させている。

そういう人達にとって、熊野は魅力的なエリアとして映る。機会があれば、この地やこの地の人たちと個人的な関係を結びたいと思っている。ここには海と山と川が一体となった自然があり、魂のふる里としての文化遺産がある。加うるに人情があれば、彼らの渇望と憧れは満たされる。

昔、観光といえば一過性の非日常の出来事であった。人々の生活空間に於ける人間関係は濃密で、時には息苦しくさえあった。そんな時、観光旅行に出、ノーマークの一人として振まうことは、心のバランスをとる上でも意味のあることであった。「旅の恥はかき棄て」などというコトバが生まれた所以でもある。

ところが現代はどうであろうか。地域社会は崩壊し、大家族は核家族になった上、個々バラバラで家族団らんさえままならない。会社も終身雇用制は過去のものとなり、派遣社員が何割かになり正社員がエリート視される時代である。人間関係は益々疎遠になり、1日パソコンに向っている人などは、バーチャルが現実になっている。抽象的な漂流物としての日常から脱出して、具体的なものにつなぎとめたい。

こういう人の観光は昔と全く正反対で、名前のある一人の人間として、その地域や人と関わりたい。これは従来の観光の概念を超えたものであるが、観光地はこのことを射程に入れて客を迎えなければならない。

この5人のグループはまさにこういう人達であったし、似た傾向の人はこれまで何組も出会いの里を訪れている。10年前、鈴木末広君と出会いの里を立ち上げ、二人協力して町興しをやろうと話し合った時、私は準住民制度を提案した。これは単なる観光より一歩も二歩も踏み込んだもので、本当は本宮に移住してきたい程の熊野ファンなのだが、仕事など諸般の事情でそれが叶わない人のために、住民に順ずる資格を与えるというものである。

例えば本宮大社を中心にした年数回のお祭りや、場合によっては集落の小さなお祭りや行事に参加できるようにし、そういう情報は前もって会員に届ける。また本宮で宿泊したり、お土産を買う場合、数パーセントの割引を配慮する。否、むしろ個人的な知り合いが出来、そこで泊ってもらう方がいいかもしれない。直接的に町にお金が落ちなくても、時代のにおいを敏感に嗅ぎとるセンスをもったこういう人達を味方につけると、それは町にとって大きな資産となり宝となるからである。

かく言う私だって他所者《よそもの》である。よそから自らの意志でここに来る人は、ここの為に働きたい、役に立ちたいと思うものなのだ。彼らは多分傍目八目《おかめはちもく》で、色々なアイディアを出してくれるし積極的に動いてくれるだろう。客扱いでなく身内扱いにする方を喜ぶ。普段は都会に居て、熊野のアンテナショップとしての働きもしてくれ、熊野比丘（尼）の役割さえ担ってくれるかもしれない。

都会には行き場の定めない厖大なエネルギーが眠っている。重油流出事故や大地震の被災者のために、あれだけのボランティアの人が駆けつける。何かいいことのために使いたいが普段は日常のふきだまりに埋もれている。一方熊野には自然は豊かにあるが、人のエネルギーは不足気味だ。余ったものを不足した所にもってくれば丁度調和がとれるのではないか。というような訳で、先程の5人のグループのような人たちを受け入れる窓口が必要だと思う。それには本宮大社を中心に、観光協会、商工会がスクラムを組み、行政に後押ししてもらうのが一番いいだろうが、正式な組織が出来るまで、とりあえず出会いの里が窓口になり使い走りをしたいと思う。

日本のこの60年は貴重なものであった。食うや食わずから腹いっぱい食えるようになり、殆どの人が中流意識をもつ安穏も味わい、バブルの頃には1キロ10万円の肉に行列が出来る狂気も経験した。

しかしやがて高度成長は幕を閉じ、笛や太鼓の音も鳴り止み、熱狂から醒めた人達は、来し方を振り返る。

破壊された自然環境、崩壊した地域社会、希薄になった家族の絆、疎遠になった人間関係、傷ついた精神や心、不健康な肉体。

この失われたものの総てではないが、熊野には、海、山、川が一体になった大自然があり、魂の安らぐ場所があり、素朴な人情も残っている。高度成長の恩恵も受けつつ、その狂乱に巻き込まれもしたが、辺境であることの地の利と自然の奥深さ、そして歴史の実績と古さ故に、神や魂の宿る熊野の核まで犯されることはなかった。

彼らを熊野に迎えれば、彼ら自身が癒されるばかりでなく、傷ついた熊野の再生に一役買ってくれることまちがいない。生命や魂や自然を大切に考える人達のメッカとして、熊野はその魅力と可能性をもっている。

私は出会いの里の高台で、時には印を組み時には祈りを捧げる。そして熊野川に語りかけ、川と人間の友情を育くむ。ここで暮らしていると、あの世とも、動物や植物の世界とも、山や川や岩ともボーダレスのような気がしてくる、自分が限りなく宇宙に溶け出し、宇宙に偏在する自分を楽しむ。熊野とはそういう所である。ここには未来に通じる通路が開かれている。究極の自由に通じる通路である。

さあ、いらっしゃい。

新緑や
芋植える手に
移りきて

無題

オスギとピーコの双子のうち、どちらか忘れたが、「私を敵にまわしたら怖いわよ。味方にしたって、たいしたことないけどね」と言ったコトバが妙に気に懸って、時々思い出す。

普通考えると、敵にまわして怖い人なら、味方にすれば頼りになるはずだ。「たいしたことないけどね」というのは、本人にどんな心理が働いたのか知らないが、ここに人間の業《ごう》がある。つまり敵をやっつけることは得意だが、味方の役に立つのはもう一つという、負に向って働くエネルギーの方が強い。ここには自己顕示欲や、自己防御本能などがからんでいる。

私自身、放っておいたらそうなってしまう人間なので、「目には目を」ということだけは自戒してきた。青年、壮年時代は喧嘩早かったので、敵も沢山作ったと思うが、少なくともこちらから敵になろうとしたことはないし、敵対する行為はしないようにしてきた。喧嘩相手に塩を送るとまではいかないが、野菜なら何度も送ったことがある。従って私を敵にまわしても全然怖くないのである。味方にして頼もしいかどうかは保証の限りではないが、「敵にまわすと怖いよ」などということはまずないのである。

私の神経症体験　4

夜明けは近い

退院の日、これまで幾多の退院者がしたように、今度は自分が門の所であの歌に送られる。「友よ、夜明け前の闇の中で、友よ、闘いの炎を燃やせ、夜明けは近い……」。

永久にこないかもしれないと思っていたその日が来た。雪の2月に入院して、まるで季節の巡りをそのまま身体に映すかのように、新生の門出を迎えることができた。それにしてもこの歌は実によく退院するものの心情を詠んでいる。今は未だ夜明け前の闇の中だと思うことが、かえって焦りを静め、勇気を与えてくれる。当分手さぐりで、その闇を払っていくしかないが自分の中で何か胎動するものを感じている。

大阪の自宅に帰り、家族との再会が済むと、早速塾へ行ってみる。ドアを開けると高校生が額を寄せ合って何か作業している。きいてみると、ビートルズの歌の歌詞を日本語に訳しているのだが、その肝腎のタイトルが解らないという。見ると「Let it be」。本当にこの時は驚いた。あまりの偶然の一致に感動に浸っていると生徒に急《せ》かされた。

「これはな、つまり〞あるがまま〟って訳すのや。オレはその〞あるがまま〟を勉強しに東京の病院に行ってたんや」

森田療法のキーワードが、帰郷するやいきなり出てくるなんて尋常ではない。ユングのシンクロニシティという言葉は、まだその時知らなかったが、何か見えざる手で未来への門がぐいと開かれ、後からポーンと押されたような気がした。

さてその翌日、例の余ったトウモロコシの種を庭の片隅に播いた。しかしそれだけでは物足りなく思い、キュウリやトマトの苗を買ってきて植えた。そんなことをしているうちに、子供の頃の記憶が次々に蘇ってきて、うちも百姓をし、米も野菜も作っていたことを思い出した。戦後の食糧難の時代から昭和30年代にかけて、我が家は様々な商売をしながら、人を雇って1町余りの田んぼも耕作していた。私はその頃から農作業が好きで、田んぼや畑によく行った。経済的には恵まれた家庭だったので農作業を無理強いされたことはなく、私の思い出の中の農はその現状とは裏腹にふんわりとしたもので、牧歌的なイメージが強かった。つまり私は幼い頃から農業シンパだったのである。

好きこそものの上手なれで鍬、鎌、備中鍬、押切り等の農具も一人前に使いこなせた。その当時、家の周りは全て田んぼで、東の窓を開けると金剛、二上の美しい山並みが見えた。しかし高度成長期に入って産業構造が農業から工業へシフトしていき、国の農業政策が自給放棄の方向をはっきりうちだしてきた頃には、地域の農業人口も少なくなり、あちらこちらに新興の住宅が建ち始めていた。家の増加と共に小川も汚れが目立つようになり、ホタルやシジミも姿を消していった。それと並行して、我が家の田んぼも少しずつ減り、金に化けたり、宅地に化けていった。そして残りは農協にゆだね、農業から全面撤退して、既に10年以上経っていた。

かつての田んぼに行ってみると、農協も手が回らなくなったのか、草ぼうぼうであった。塾の高校生や近所の人を召集して草刈りし、とりあえずみんなで耕し始めたのである。４月の末に退院して、５月の連休過ぎには、もう一丁前の畑が出来上っていた。春の柔らかい陽射しを浴びて畝《うね》に座って体を休めていると、「うららか」とか「のどか」とか、長い間忘れていたような単語が、じわっと頭の中に広がり、これまで長い間緊張してきた私の心をほぐしてくれるのであった。

５月の初旬は夏野菜の植え付けに一番いい時期だった。ナス、キュウリ、トマト、ピーマン、カボチャ、マクワウリ、サツマイモ等の苗を植え付け、枝豆、インゲン、ニンジン、トウモロコシ、等の種まきをした。畑は急に素人衆でにぎやかになり、近所の百姓が物珍しがって、あれやこれや教えに来てくれた。人によって言うことがまちまちで、誰を信じていいのか困ったが、全体のどの断面を切り取るかによって、正反対の説明になったりする訳で、植物をよく観察したり、野菜栽培の本を読んだりすると、そのことが解るのであった。それに人間よりも植物の方が賢い場合があり、とんちんかんな働きかけにも「よか、よか」と鷹揚《おうよう》に反応してくれたりするのであった。

朝はスズメの声で目が醒めた。目覚めると、すぐ畑に飛んで行った。１分と寝床を暖めることはなかった。意識して自分を忙しくしていた。畑と塾でスケジュールいっぱい、日曜日も家庭教師をしていた。まさに座る間もない忙しさであったが、それは自分の内面を覗き見る余裕を与えないという私なりの荒治療であった。

帰宅後の生活では内にばかり向いていたエネルギーが、そっくりに外に向きだしたから、見るもの、きくもの、手当り次第に興味を覚え、まるで子供時代の時間のように１日が長くなった。外界は魅力に満ち、いつも見慣れている屋根瓦の微妙な曲線を見てさえ喜びを感じた。以前と違うと特にはっきり思えたのは色彩の変化だった。心の曇りがとれると全てが鮮やかに見え、人は同じ世界に生きていてもけっして同じ世界を見ているのではないんだと思った。

人間の可能性

津村喬著『気功＝心の森を育てる』にこんなことが書いてある。「人体にたくさんの毛細血管がありますが、平均で１㎠４００本といわれるその中で、常時使っているのは、５、６本にすぎないのだそうです。スポーツをしていますと40本くらいは使うのですが、それでも可能性の一割です。もし筋肉の力がそこに含まれる血液と単純に比例するとしますと、自分で出せると思っている力の10倍は出せるかもしれないということになります。10倍でなくても、大きな〝潜在力〟があることは間違いないでしょう」「ほかにも持っていながら使っていない器官というのは沢山あるようです。例えば肺には七億五千万の肺胞があるのに、そのうち使っているのは五分の一程で、残りはそのまま墓場にもっていってしまうといいます」「フロイトは人間の脳の十分の一しか使わないといいましたが、今の脳生理学者はそんなことはいいません。すべてのニューロンがフルに情報処理できる可能性に対して、現実に使っているのは十の二八乗分の一だというのですから、ほとんど使っていないといっていいわけです」

人間は秘められた可能性をそんなにももっていながら、それに気づくことはない。しかし負の側からその可能性に触れることがある。神経症になるような人は自己防御本能がもの凄く強い。それが結果として自分を攻撃し、自分で自分を地獄に追い込んでいくのだが、その負のエネルギーは凄まじいものである。瞬発的には私が経験したように、タタミをかきむしり、ドアに頭をぶちつけさせ、ついには失神させる程激しいものである。また片時もそのことを忘れず、眠っている時でさえ、不安の排除に費やされるエネルギーの膨大さを思うと、驚嘆せずにはおれない。こういう体験をすると、それは負の側から呼び醒まされたものであるが、自分の中に普段は眠っているとてつもないエネルギーの存在を知ることになるのである。私自身、塗炭《とたん》の苦しみの中で、正方向にこのエネルギーが働いたなら、地球とも相撲をとれると本当に思ったのである。見方によれば病気というのは、こういう内に秘められたエネルギーに出くわすための生命装置だとも言える。そして本当の意味で病気が治るというのは、負体験によって知ったエネルギーを、正の方向に向って使うことなのである。元の自分に戻るということではけっしてなく、絶対値の符号を逆転させるのである。

ぼたんの花

５月の連休のあとさきは忘れたが、近所に住む高校の恩師を訪ねた。不良学生の頃から色々世話をかけ、神経症についても、何やかやと相談にのってもらったので、御礼かたがた退院の報告に行ったのである。ここは昔の大地主で、母屋の造りは４００年も前のものだということだ。１０００坪の敷地内には竹やぶもあり、建物は様々な木々で囲まれていた。

日当たりのいい東南の庭には、自家用ナスやキュウリが植えられてあり、大きな鶏舎では、１００羽ほどの鶏が思い思いに時を過ごしている。蜜柑、桜桃、柿などの果樹もあり、そのはるか上には大きな楠が、この庭の歴史を見下ろすように聳《そび》えている。この家の主は今は教師をやめ、趣味の

百姓を楽しんでいた。

門を入り、離れの戸を引くと、三和土《たたき》に牡丹の鉢植えが置かれていた。いきなりその豊麗な姿にグイと心をつかまれ、私は知り得る限りの文学的表現を使ってその大輪の花を誉めそやした。農との再開の機会を作ってくれた牡丹に対して、ひとかたならぬ思い入れがあったのである。私の余りの惚れこみように、恩師もそれならばと、わざわざその鉢植えを部屋までもちこんでくれた。

しばらくして牡丹の存在をすっかり忘れ、話にうち興じていた。どのくらい時が流れただろうか。突然ビリビリという音がして、部屋の空気が強く小刻みに震え出した。窓ガラスも鳴るほど強いもので、部屋全体がまるで生き物のように、体を震わせていた。地面の揺れはなかったので勿論地震ではなかった。一瞬何事が起ったのか解らず、二人は周りをながめ回した。すると先程まで全容崩さず、寂としていた牡丹が、意思あるものの如く花ビラを散らしている。それも美事に１枚残らず散らしてしまったのである。

それは世紀のショーであった。牡丹という花の生命力にただならぬものを感じた。恩師もこんな経験は初めてだという。私は感動で鳥肌が立っていた。先日の「Let it be」にせよ、この日の牡丹の歓迎にせよ、続いて起る不思議な出来事に、いよいよ何か運命的なものを感じた。それは明るい未来を予感し得るようなものであった。

ピーター・トムプキンズとクリストファー・バードという人の著した『植物の神秘生活』という本があるが、その中に私の経験したような話が沢山のっている。その時、私の心は生まれ変わった赤ん坊という感じで、生涯で最もナイーブな状態だった。植物好きの恩師の心と、ナイーブな私の心が相乗して、牡丹の心に届いたにちがいないと、今ではそう思っている。

農と交わる

日常は日々実りを生んで過ぎていったが、全く不安がなくなった訳ではなかった。昼間はその濃密な時間の中に不安のつけ入るスキはなかなかなかったが、夜は無防備だった。時々、夜中に目が醒めて、不安でそのまま眠れないことがあった。以前なら家族の気持よさそうな寝息に、「何故オレだけこんな目に遭うんだろう」とわが不幸を呪った。しかし今は冷静に自分の現在を受け入れ、起きて読書をするか、ペンを執った。深夜の静寂を友とする余裕があった。目が冴えればそのまま作業を続けたし、不安が去って眠くなると、また寝床へ戻った。

もっと不安が強く机に座れないときは、外に出て月の下を歩いた。自然と足は畑に向った。月の光で見る深夜の畑はまた格別の風情があった。畝間をゆっくり歩きながら、野菜たちの寝姿を見て回った。その安らかな表情を見ながら、こんな時間にここにいることの一人遊びを楽しんだ。一句できそうな気がした。不安はいつの間にか去っていた。よからぬ訪問者は相手せぬことである。放っておくと、いつの間にかいなくなる。不安というよからぬ訪問者に対して神経症の人は座敷に上げてお茶まで出す。

農作業は実に楽しかった。子供がドロンコ遊びに熱中するように、土いじりに時間を忘れた。汗とともに体中の毒素が洗い流され、精神だけでなく、肉体も生まれ変わっていくようだった。一日中身体を動かしているので、飯も酒も旨かった。人間は動物なんだと改めて思った。農作業は読書などとちがって、扱う相手が形と命ある具体物であり、その変化も具体的で、目で捉え、手で触ることが出来る。種をまけば芽を出し、肥料をやれば生長する。観念のやりくりばかりしてきた人間にとって、農作業の徹底した物理性と作物の具体性は新鮮であり、魅力的であった。

草が生えれば草を苅り、日照りが続けば水をやる。その単純な作業の中に、今まで忘れていた生命の明快な論理があるような気がした。そういう世界に素直に触れてみようとした。危げに積み上げられた観念の城から出て、明るい陽の下で、生命の原初を呼吸したいと思った。様々なはからいによって、自分を自分から遠ざけていた衣を脱ぎ棄て、淡々と生きる素朴な生命から学ぼうとした。

そのような農との蜜月期間を通じて「死」に対するスタンスも大分変わってきた。自分の存在が永遠に消滅する「死の恐怖」は相も変わらなかったが、それを何とかしようとは思わなくなっていた。森田が教えたように「怖いものは怖いままでいい。それが生をよりよく生きようとする人間の姿だ」ということの意味をかみしめていた。〝こわいものはこわい〟という諦めを受け入れたのである。

ここで少し断っておくが、現在の私には死の恐怖はない。死を想い、発作を起させようとしても反応しない。それは、今は生命の永遠性を知っているからであり、人間の正体を知っているからだが、そのことについては後で詳しく述べる。とにかくこの時は、神経症はともかく、死の恐怖の問題が解決された訳ではなかった。

しかし考えが180度変わった。それまでは、自分の死の恐怖が解決されないなら、どんなにいい社会になっても自分は救われないと思っていたのであるが、そうではなく、解決の見込みのないものにふり回されるより、もっと甲斐のあるものにエネルギーを使おうと思ったのである。その取り組むべき対象がグットタイミングで目の前に立ち現れた。それが我が生涯の友であり天職となる農業であった。農業を通して社会に積極的に関わろうとした。

専業農家になろう

そしてまたたく間に半年が過ぎた。昼間は農業し、夜は塾の教師を続けていたが、それはもうかつて経験したことがない程、心晴れやかな日常であった。しかしあくまでリハビリ期間のモラトリアムの幸せで、もうそろそろ本気に身の振り方を考えねばならないぞと思っていた。

その年の晩秋の夜、「今日こそは決心せねば」と、ひとりになり、机の前に座った。選択肢は色々あった。もう一度大学に戻って学問の道に進むのか。神経症を克服した経験を生かして精神科医になるのか。保育所等を通して幼児教育に取り組むのか。今のように、塾で稼ぎ、百姓で遊ぶのか。それとも本物の百姓になるのか。心は千々に乱れ、ここで決断しなければ、又、おかしくなりかねないと思った。

この時、最後まで迷ったのは、医者になって人を救うか、好きな百姓をするのかということであったが、人の為より自分の好きなことを選ぼうと思った。それより私を悩ませたのは、百姓をどういう形でするか、つまり専業農家になるのか、他に仕事を持ちながら百姓をするのかということである。私は自分の才能をある程度信じていたので、百姓だけさせるのは惜しい男だと思った。そこで葛藤となればきりがない。この時、一つのことを選択するというのは、ほかのことを棄てる、真の意味で諦めることだとはっきり知った。

私は潔かった。「オレは鍬一本で生きよう。土を耕し、家族を養うぞ。本もペンも学歴も全部棄てた！　農民になるぞぉ」と思った。その瞬間、もの凄い快感に包まれた。後にも先にもこんな経験はそのとき一度きり。それはこの世のものではないというか、日常レベルの気持ちよさとは全くちがう五感を超えたものである。今から思うと、あれは心ではなく、魂が喜んだのだ。魂と共鳴し、魂の弦が鳴ったのだと思う。私の書斎が異次元空間のように感じられた。あまりの快感に「この天にものぼる気持ちよさは何だ」と思ったが、自分の重さがなくなっていることに気づいた。身体がたたみを離れていたかどうか知らないが、接触感は全くなかった。人に笑われるが、「オシャカ様の弟分になってしまった」と錯覚したぐらいである。

この時私は確かに真理の一端に触れた。日常のぶ厚い壁に亀裂が入って、その狭い隙間から射した黄金の光。その光を私はしっかり経験した。「棄てた、放した」とたんに自由になった。それは所有する（いらないものは特にそうであるが）というのは、かえって人間を不自由にするということを教えている。所有というのは囲いを作ることなので、不自由な人間にとっては、その中で偽似的自由を与えられるが、本当の自由を求める人間には不自由なのである。

真の意味で自由になると、重力の作用を受けなくなる、というより感じなくなる。「重力感覚というのは、業や執着心に反応しているのだ」ということを、その時知った（動物が概ね身軽なのはそういうことと関係しているのかもしれない）。しかしむしろ私はその感覚に深入りしないようにして、硬質で具体的な世界を相手にしようとした。神秘的な体験をしながら唯物論者になろうとしたのである。

2010年初秋

第十二回熊野出会いの会

今年の出会いの会は、例年にないことがあった。一つは葦舟プロジェクトと合体させたこと。今一つは熊野応援団との共催である。葦舟プロジェクトのリーダーの高栖君と応援団の中西さんによく動いていただいて、湯の峯荘の大広間の底が抜けんばかりの人が集まり、今後の地道な日常につながる確かな感触を得ることが出来た。

出会いの会の当日の朝。2日後に葦舟を浮かべるというので本宮大社に出向き、石川仁さんと二人でお払いを受ける。その後、本殿で宮司から玉石を一つ受け取り、それを石川さんに渡す。この石は葦舟の魂とも言うべきもので、舟の真中に入れる。宮司から石を受け取る時、不遜ながら「ついに神にも参加いただくことになった」と思った。「もう後戻りはできない。必ず大斎原《おおゆのはら》から舟を出す」と神と約束した。

午後1時から例年通り熊野出会いの会が始まる。まず私があいさつし、漫談を混えて熊野川やら水の話やら。講師のトップバッターは熊野応援団の嵩理事長。応援団の趣旨、目的、活動内容、目指す方向、課題など、私情をはさまず淡々と話される。熊野応援団といういわばロマン集団のリーダーであるが、企業人としての現実感覚が地に足のついた活動を誘導している。

その中で活動の具体的内容について記すと、大きくは二つあって、一つは今様熊野詣でということで熊野の魅力をアピールし、出来るだけ多くの人に熊野に来てもらうための活動をする。知り合いに呼びかけて手作りのツアーを組むのも良し、旅行会社にはできないきめの細かい、肌のぬくもりある熊野詣でを計画するのも良し、形にとらわれないでまさに今様熊野詣でを企画、実践してほしいという。熊野のスポークスマンになるには、歴史、地理をふくめた熊野に関する知識、情報を勉強し、自分の「熊野大好き」体験が必要ということである。

もう一つは熊野地域の物産を紹介し、販売のお手伝いをするということだが、現在のところ、熊野市、尾鷲市の海産物が主である。今後新宮、田辺方面のものも開拓し、応援団のメンバーに対してばかりでなく、団員自身が発信し、周辺の人にも紹介してほしいということである。

二人目は葦舟の石川さんで、昨年出席した人にはお馴染み。彼の得意な話を二つ。一つはイースター島だか何処かの長老に、石を持って来てと言われ、持って行ったところ、「お前、ちゃんと石にきいたか」と言われ、もう1回やり直したそうな。こういうのは一般的に擬人化と言って片づけるが、本当にそれでいいのだろうか。これは人に擬したのではなく、石そのものの生命、存在を認めたものだろう。世界は人間側からだけでなく、石側からも見られるのであって、世界はもっと豊かに有機的に展開し、別の相貌を現わしてくる。

もう一つは既にこの通信で紹介したことがあるが、葦舟で大西洋を航行中、舟が真二つに折れた話。それまで乗組員の人間関係がギクシャクし、舟には不協和音が漂っていたが、そんな場合か。全員一丸となって、命を一つに結んだ。

最寄りの島まで1000キロ。1000キロの同心円状にはその島しかない。ただでさえ風まかせの舟なのに、舵までなくては、大海に漂うのみ。その島に流れ着く可能性はゼロに近い。にもかかわらず、流れ着いたのだ。これは偶然ではない。舟は壊れたものの、それまで壊れていた全員の心の調和が成り、それが天と通じたのだ。私の師の五井昌久先生は「天命を信じ、人事を尽す」とおっしゃる。「人事を尽し、天命を待つ」は人間の方にウエイトがあるが、「天命を信じ、人事を尽す」は天の方にウエイトがある。大洋の上で極限の状態になった時、人間の卑小さを痛感し、「我」を天に返した時、大調和が生まれ、舟は見えざる手でその島に誘導されていったのである。

人間というのは宇宙の一部、神の一部であるという自覚をもち、その生命原理に則《のっと》って行動すれば何事もうまくいくのだが、肉体に閉じこめられた人間はその自覚が乏しい。しかし、しばしば生死が背中合わせの状態におかれる石川さんの様な冒険家は、このことは体験的に良く知っている。

三人目はＮＨＫ教育テレビ「にほんごであそぼ」でいつも見かける講談師の神田山陽さん。といっても大人はあまり知らないが子供の人気者。本人は40歳を過ぎているが、故郷網走の小学校に1年生から入学し現在4年生である。こんなオッサン、文科省が認可する訳ないが、取って食う訳じゃなし、学校側も山陽さんのシャレ心と熱意にほだされ、まあいいでしょうということになった。入学のお陰で彼の芸域が広がったかどうか知らないが、講談はなかなかのもの。マイクなしで充分後ろまで届く声量。立て板に水が淀みなく流れる。一言一句違わぬ早口。話の内容が〝面白かった〟とか〝つまらなかった〟というより前に「ああ、これがプロか」とその迫力に圧倒された人も多かったはず。

山陽さんとの後先は忘れたが、留桜ちゃんのインド舞踊。これは一言一句違わずしゃべる講談とちがい、踊り手は神の傀儡《くぐつ》となって、神の為すままに自由に舞う。その神聖で優美な舞は、ヒンズーの神々を彷彿とさせる。

その他に3分間スピーチがあり、最後は私が締めくくって、1時間余り休憩し、お待ちかねの交流会。今年は交流会参加者が１２０名程で、会場はぎっしり。本宮大社の宮司をはじめ、地元の方に沢山出席いただいて、熊野出会いの会も少しずつ地域に根を下してきたように感じられる。

交流会のあとは３人の講師が三つの部屋に分かれて分科会。この形式は、第１回以来の伝統で、講師を壇上から降ろし、聴衆と同じ目線で向き合おうというもの。

付録を一つ。分科会が終り、用事で出会いの里に行き、湯の峯荘に戻った時、日付が変ろうとしていた。入り口はまだ開いていて、フロントには、当館の社長が睡魔と闘いながら細い目を一層細くして、お役目についている。「ごくろうさん」と声をかけ、「その心意気やよし」と思い部屋に戻った。

２日目。３人の講師に再びお話をいただき、私の統括で幕引きという間際。ここ3回連続参加で、出会いの会の名物人間になりつつある岡崎のおばあさんが進行係の高栖君にダダをこねている。最後にひとこと喋らせろというのである。「よか、よか。」と言うと、勇んで登場。初めて行進に加わる小学校1年生みたいに大きく手を振って、「みんな見て下さい。こんなに元気になりました」と言う。確かに昨日会場に入る時には杖をつき、人の支えが必要だった。それがまるで別人である。

人の視線や人が出す波動は凄いものだと思う。参加者百数十人が作り出す生命の気に癒されたのだ。個々の人間の対応がやさしいので心が高揚したということもあるが、動かない体が動くようになるためのエネルギーは、この会場の全員によって生み出されたものだ。

会は無事終わり、午後からは石川さんの指導で葦舟作り。次の日も又、午前中は葦舟作り。その横で出会いの会の最長老の荘司さんが、軽トラを舟に見立てて、荷台の上で、艪《ろ》と棹と櫂《かい》の使い方の実演。むずかしい順に言うと、櫂・棹・艪で、「櫂は三年、艪は三月」と言うそうな。

午後からは待ちに待った進水式。完成した葦舟をみんなでワッショイ、ワッショイ、河原まで運び、水の安全を祈って神事を行う。「熊野川さん、喜んで下さい。大斎原にみんなで作った葦舟が浮かびますよ」。

一番乗りは宮司と観光協会の会長。舟は優雅に進んでいく。大斎原から速玉《はやたま》大社まで、川の道を復活させたい。その第一歩がやっと始まった。90歳まで後何年もない荘司さんが、大胆に川の中に入り、腰までつかって舟を誘導する。若頭の高栖君もそれに続く。初夏とはいえ、水はまだ冷たい。川下では80歳に手の届く芝下さんが、仁王立ちして舟の安全を監視する。

この長老達の活躍は一幅の絵だ。熊野の魂ここに見たと言える程、心動かされるものがある。長老といえば、熊野の生き字引きとも言うべき坂本先生も、出会いの会、葦舟プロジェクトに参加して下さった。私達はこの先輩達の心意気に大いに学ぶべきだ。

葦舟プロジェクトは、大斎原から新宮まで詣で舟を出せるようになるまで、何年でも続けていく。本殿からいただだいた玉石は、又来年の葦舟に受け継がれていく。玉石は参加者全員の、そして熊野川復活を願う人々の心の象徴である。

その後、子供達をふくめ希望者が次から次へ葦舟に乗り、長い1日を楽しんでいた。出会いの会から葦舟へ、この3日間、主催者冥利に尽きる数々の感動体験をさせてもらった。熊野の神々をはじめ、行事に関わった人全員に深く感謝致します。

瓜生さんのお見舞い

本宮から白浜空港まで、車で普通に走って1時間半程かかる。小さなローカル空港なので、駐車場が満車になることは絶対なく、何日でも心置きなく停められる。客が少ないので運賃は割高だが、そのかわり時間ギリギリに到着しても乗せてもらえる。川の渡し場の風景に似て「舟が出るぞお」「オーイ、待ってくれい」といった感じである。

1日2便であったが、最近、朝、昼、夜の3便になり、その分、飛行機が小さくなった。客としてはこの方が有難い。この日もいつものように朝便、羽田まで1時間である。途中、伊豆上空辺りから乱気流に悩まされたが無事到着。山の中からアッという間の大都会で、何度体験しても感覚がそのスピードに取り残される。

今回の東京行きは瓜生良介さんの病気見舞なのだが、思ったより元気で、神楽坂の駅まで本人が迎えに来てくれるという。飛行機が遅れたせいもあって、約束の時間に30分以上遅れるが、笑顔で再会。昼食は約束通り一緒に食べようということになり、早速案内されたのが近くの小料理屋。神楽坂の辺りは、多少江戸情緒の名残もあり、所々そういう店が見うけられる。

この種の店は何となくおっかなくて、私一人ではまず近づかない。寿司屋のカウンターにすら座れない臆病者なのである。ところが瓜生さんはさすがに演劇人、威風堂々、泰然として敵陣に踏み込んでいく。

席に着いてしばらくして、瓜生さんのつれ合いの市子さんも姿を見せる。二人は高校の同じ演劇部で、瓜生さんはアングラ劇団の旗手、市子さんは「ひょっこりひょうたん島」のドンガバチョを操っていた人形使いである。

まあそんなことより目の前に料理が一品ずつ出てくる。各々に凝った工夫が凝《こ》らしてあるが、私にはそれを充分楽しむだけの舌も見識もない。長年農作物を育ててきたので素材そのものの味を見分けることはできるが、色や香りといったことを含めて、その繊細な作品世界を吟味熟玩することはできない。

そうは言うもののなかなか面白い体験だった。この齢になって料理の魅力にちょっと触れた気がした。これまで、食べ物について考えたことはあっても、料理についてとなると、適当に旨けりゃそれでいいだろうというぐらいにしか思っていなかった。しかしどうしてどうして料理というのは、知性と五感と内臓を使ってする結構高級な遊びなんだと、遅ればせながら気づいた次第である。

食事が済んで次の予定まで未だ時間があったので、瓜生さんが身体のチェックをしてやろうと言う。彼は演劇人でもあるが、快医療というものを標傍し、世界（といっても主に貧しい国々）を股にかけて活動するチイとは名の知られた治療家でもある。熱心に誘ってくれるのには訳があって、彼の友人が彼と会った後すぐ亡くなるという出来事があり、「あの時身体をチェックしていたら」という思いがあるからである。

矢来町（神楽坂の隣）の診療所に行き、ライフエネルギーテスト（大村恵昭氏が開発したバイ・ディジタル・オーリングテストを瓜生さんが独自に進化させたもの。詳しくは瓜生良介著『快療法』参照）を受ける。すると「出るわ、出るわ」悪い所だらけで、正常な所を探すのがむずかしいほど。

見舞いに来見舞われているお年頃　吉男

私も既に65歳、そこここに故障があってもおかしくない。自覚症状はあまりなく、比較的元気なのだが、それを神様が油断大敵と戒めて下さったのだと素直に感謝している。勿論瓜生さんの友情には大感謝。ライフエネルギーテストは未病の段階で傷んだ所や弱い所が分かるし、一般の薬や民間薬、薬草等の適不適も調べられる。指２本を使ってするこの検査法は実に簡単だし、身体にやさしく短時間で出来、場合によっては現代医療の検査より的確で詳しいことが分かる。

この検査法に出会った人は、その不思議さに、まるで手品か魔法を見た如く、心を動かされる。

瓜生さんは演劇人だし遊び心があるので、このテストに出会った時、これは使えると思ったに違いない。検査としてはもちろん、見せ物として。

彼との最初の出会いはもう20年ほど前、池袋で友人と飲んでいて、これから面白い人を紹介したいと言われた。黙ってついて行くと、とあるアパートの一室。部屋に入ると一瞬そこは異空間。瓜生さんとおぼしき人が色の黒い外国人に何やら怪し気なことを。それが初めて見るバイ・ディジタル・オーリングテストだった。そしてその外国人はジャマイカのミュージシャン。その頃瓜生さんの医学知識はまだ駆け出しの域を出ていない様に思われたが、既に外国にもファンがいたのだ。

医学は学問であり科学であるかもしれないが、医療は現場で生身の人間を相手にするものであるから、手品、魔法、見世物と何でもありの世界なのだ。人は「不思議」に弱い。ましてや病に戦《おのの》く迷える子羊。その背後に確かな治療法が用意されているなら、人の喜ぶ見世物を見せてどんどん人を集めればよい。否、それよりも治療家を権威づける武器になる。

亡くなった八尾の甲田光雄先生は、患者の身体に触れずに、局所に手を当てるだけで、その波動の乱れを察知して診断された。その魔法で患者の心を引き寄せたのである。

瓜生さんの売りはおそらくオーリングテストと操体法であったにちがいない。操体というのはコトバとして体操の反対だが、まさにその名の通り、スウェーデン体操に象徴される人工的なものではなく、身体の法則に沿った自然的なものだ。体操が作為なら操体は無作為と言ってもいいかもしれない。具体的には悪い方、痛い方は触らないで、痛くない方、気持ちのいい方に身体を動かし瞬間脱力することによって歪みや痛みをとる方法である。これも初めての人には一種の魔法に映る。

この二大スターに加えて、飲尿療法、温熱療法、運動法と呼吸法、ソフト断食を含めた食事療法を治療の基本に据え、世界中を飛び回っている。特にガン治療には大きな成果をあげている。

最近世界中の全ての人々のために、ガン救急法の手引書を作ってくれた。その冒頭に「ガンは決して恐い病気ではない。また難しい病気でもない、ましてや死病なんかであるはずがない」と書かれている。この続きを少し長くなるが引用すると

「快復への道筋がしっかり見えて来れば、つまり心とからだを生命の快法則にしたがって、快方向に向って歩き出すことができれば、必ず癒るものだ。ウリウ治療室をはじめ、世界の快療法の仲間たちの数千、数万の実績や、心ある自然療法家の無数の実践の結果が、これを証明している。

ただ恐怖や不安にとらわれて、考えも見通しもなく、手術や放射線、抗ガン剤治療を受けて、生命の土台がなくなってる人や、自己の生命力を過信して、手術の傷あとも治らぬうちに、もとの忙し過ぎの仕事に復帰するなど、ガンを甘く見ると、手ごわい相手であることは間違いない。

このことをよく考えて、思いあたる点は反省し軌道修正して、一日一日の生活改善を大胆かつ慎重に、この手引書を最大限に活用して、視野を広くもって、生命あるものへの寛容さにあふれた無理と無駄のない、総力戦を展開する必要がある。つねにニッコリ笑って息を吐き、快くイキイキワクワクと、将来への夢と希望をはぐぐみ続けることが出来るならばもう大丈夫、あなたはきっとガンを克服することが出来るだろう。

悠然泰然として睡眠時間は8～10時間を確保して、家族のいる人はよく話し合って、家族の協力を得ることだ。3歳の子供の手当てに救われる、幸せな人もいるのだから。」

このあとガン予防、克服のための方法が色々書かれているのだが、それを見て感じとれる一つは、人間として心の自由さとバランスを最大限重んじるという姿勢である。二つ目は、治療に有効な方法は古今東西から自由に取り入れ、臨床を重ね、猿真似ではなく、そこに魂を吹き込み、クリエイティブなものに変えていく自由闊達さである。三つ目は常に最新の情報に目を光らせ、その価値を見分ける感性をもっているということである。

これらに共通してあるのは「自由」ということで、「快」と「自由」は切っても切り離せないコンビである。

私は身体チェックを終え、瓜生さんから「要注意」のイエローカードをもらい、治療所を後にした。ここ5、6年、元気にやってきたので、身体や食事のことはあまり気にしなかったが、丁度いい軌道修正の機会だと思った。背筋の伸びた精神生活をするためには、食事を正すことが一番大切だと思っている。御馳走の喜びというのも、なかなか奥の深いものであることを知ったが、粗食の喜びの奥の深さはそれに引けを取るものではない。

人間という生き物はグルメと正反対の粗食であっても、それを遊びに変える創造性とバランス感覚をもっている。別に歯を食いしばってするものでない。「要注意」も弛緩した日常のネジ巻きだと思えば、「ありがとうございます」となる。しかしそうは言うものの、困ったことに、瓜生さんの所を辞して、これから別人との夜の会食に臨まなければならない。さてさてどうなりますことやら。

私の神経症体験　5

車の免許をとる

百姓を本業でやろうと思った時、最初の難関は車だった。趣味でやっている間は昔の運搬車（自転車の一種で骨格ががっちりしていてタイヤが少し太く、荷台が広い）を見つけてきて、それで間に合わせていたが、本業となるとそれでは無理だった。リヤカーも時々使っていたが、車道では危なくて使えなかった。

かつて学生時代、将来の田舎暮ら暮しを想定して教習所に通っていたことがあるが、持ち前の気の短さで、教員とケンカして途中で止めてしまった。その二の舞は許されない。とにかく、トラブルを起こさないように気をつけた。実習の時は必ず自分の方から挨拶し、天候の話やら、なるべく俗耳に入り易い話題を見つけて話しかけた。そういう類いのことは最も苦手で、まるで幇間《ほうかん》にでもなったような気持だったが、神経症で鍛えられたお陰で、その役も楽しむことができた。

私は不器用だし機械類に弱いので、怒鳴られる前に、頭が悪いことを強調して予防線を張った。敵はその作戦に引っかかって、たいていは平穏にいったが、時にはカンシャク持ちが居て、大声で罵倒されることがあった。そんな時、そのいい方に注意がいくと腹が立つが、何がいいたいのかその内容に耳を傾けると腹立ちは視界から遠ざかり、相手の言わんとすることに納得することがあった。「正受不受」（正しく受ければ、受けずも同じ）を日常生活に応用した訳である。車はさすがに自転車やリヤカーに比べ稼動力が大きく、今までより広い範囲を廻れるようになって、他人の土地まで借りて耕すようになった。

初めての市場出荷

生産物は最初の頃は、妻が自転車の後に積んで近所の住宅を回り、売り歩いてくれた。しかし収穫物が多くなって、とてもそれでは追いつかなくなり、市場出荷を考えなくてはならなくなってきた。

忘れもしない初めて出荷した時のことである。キュウリを四つのクラスに分けたのだが、出荷するには、上物ばかりの方がいいと思い、小売り用に一番下のクラスを残し、上の方を秀、優、良と分けて出荷した。初めてプロの仲間入りをしたという意識で、次の日、仕切りのお金をもらう時、胸がふくらんだが、その額を見てペチャンコになった。今でもはっきり覚えているが、秀が12円、優が8円、良が1円だった。その上、手数料プラスαで、そこからまだ1割引かれる。因みに4番目のランクのは、1本15円の小売りで全て売り切れたのである。

それからも懲りずにトマト、キャベツ、水菜、レタス等を出荷したが、やればやるほど馬鹿馬鹿しくなって、これはもう自分で小売りするより他はないという結論に達した。

市場という所は荷を確保するため、大型産地のものや、常連農家の品物にはそこそこの値をつけるが、たまにしか持っていかない農家のものはいくら新鮮な地場野菜であっても買いたたかれる運命にある。その一方で、市場はとにかくいい品（見映え）を持ってこいという。市場の手数料は8・

5パーセントと決まっているので、商品価値の高いものを扱わねば儲からないのだ。その結果、農家は生産量を上げるより、秀品率を高めることにより労力を割く。そのために使わなくてもいい農薬を使ったり、大きさを無理に揃えたり、余計なシールを貼ったり包装したり、どうでもいいことにびっくりする程の手間をかけるのである。

晴耕雨耕

それまで同じ地域（大阪の藤井寺）の住宅に住んでいたのだが、父が亡くなって3年、長男である私は家族を連れて実家に戻ることになった。実家は人通りの多い場所にあったので、それを機に生産物は全て家の前で、朝穫り野菜として売ることにした。

塾の方は、新たな募集はしていなかったが、まだ生徒は残っていた。農作業が忙しい時など、塾が終ってからヘッドランプをつけて畑に行くこともあった。その頃休みなしで連日15、6時間は働いていただろうが、まるで疲れというものはなかった。友人に「晴耕雨読で結構な生活だな」と言われることがあったが、「いやオレの場合は晴耕雨耕だな」と言って笑った。

私は「土と共にあること」「土を耕す」ことを貴いこと、誇りあることと思っていた。努力しがいのあることをしているのだという意識は、どんな過酷な労働からも人を解放するものである。むき出しの炎天下の暑さが、かえって快感だったし、雨に濡れても、その冷たさが喜びだった。

私の世代は食糧難の頃の百姓の頑張りを多少とも垣間見ているので、それに比べれば私の働きぶりなど児戯に等しいと思っていた。その人達と、この労働を通して幾許《いくばく》かつながっているということが嬉しかった。現代では「勤勉」はあまり評価されないが、彼らの勤勉が敗戦後の日本の復興を土台で支えたのである。それどころか高速道路も新幹線も、出稼ぎ百姓の勤勉がなかったら、スムーズに出来上がることはなかっただろう。あれらの近代建造物の見えない襞《ひだ》の一つひとつに日本中の百姓の勤勉がたたみ込まれている。当時、私の百姓にかける情熱は異常とも言えるぐらいで、まさに頭のてっぺんから足先まで、百姓三昧そのものであった。

それでも最初のうちは近所の百姓によくからかわれた。「お前みたいな学校出の学士様に百姓が務まるくらいなら、逆立ちして町内一周したろやないけ」。しかし何年かすると、「お前、何でも上手に作るなあ」と言って、私の所へききに来るようになった。

私は育苗ハウスを持っていた。冬場は農作業が比較的暇なこともあって、毎日誰か暖を求めてやって来た。ハウスの中には七輪があり、湯がシュンシュン音をたてていた。客とお茶をすすりながらとりとめもない話をした。私は地元の生まれなので、年寄り達と河内弁で話した。コトバというのは不思議なもので、同じ方言を使うと、それだけでもう多くのものを共有してしまう。そのコトバには、私の少年時代の出来事や風景が沢山つめこまれていた。

年寄り達が生きた時代を河内弁を媒体として想像するのは、私の楽しみの一つになっていた。ハウスの中だけに限らず、焚き火をしながら、畦《あぜ》に腰を下してタバコをふかしながらのこともあった。そんなことを通して、私もだんだん仲間として認めてもらえるようになっていった。

しかし一番の評価の基準になったのは、何といっても畑の出来映えであったし、それを自分の思った値で売って、一人前の収入を得ているという事実であった。当たり前かもしれないが「お前の考えは素晴しい」と言って誉めてくれる人は誰もいなかった。いや一人だけいた。その人は近在では「百姓の神様」と言われている人で、自分と共通のものを感じ、私の心意気を大いに評価してくれた。

しかし農民自身でさえなべて「農」に対する評価は低く、学歴という切り札がありながら、金や地位にあまり縁のない仕事を選ぶ人間は、世間の人から見れば、所詮「変わり者」か「馬鹿」かであった。

例えばこんなエピソードがある。ある日、鍬を使っていると、はるか向こうから女の子の手を引いたお母さんがやってくる。風はそちらの方から吹いて声がよくきこえる。「ほれ、あのおっちゃん見てみい。お前、勉強せなんだらあないになるでぇ」。

私は下を向いて只笑っていた。

自然のリズムで暮す大切さ

農業で一番大変なのは朝の収穫で、これだけはいくら努力しても一人ではどうしようもなく、乳飲み子をかかえた妻に助けてもらわねばならなかった。よく「収穫の喜び」といわれるが、私は収穫さえなければ農業はどんなに気楽だろうと思っていた。

私の感覚では農業は仕事というより遊びに近かった。収穫とは種まきから実りまで、さんざん遊んだ後のいわば燃えカスのようなもので、収穫とその後の販売が、私にとって仕事となっていた。

しかしそうはいうものの収穫は、作物の一生が凝縮された、緊迫を生む、神聖な刻《とき》でもある。早朝の空気はその儀式にふさわしい。

一日のはじまりの大気には、何か不思議な力がある。頬に当るとはっきりと目が醒め、身体の底から活力がムクムク湧き上がる。「オレはまぎれもなく生きている」という実感が全身にみなぎり、生命というものはいいものだと無条件に思えてくる。生きていることを全肯定する宇宙のメッセージが、朝の空気には満ち満ちている。この早朝の時間に立ち会える職に就いた幸せは、いくら反芻《はんすう》しても飽きることがない。

ついでに言うと、作物を作る場合、午前中の光線が特に大切だといわれる。私の経験でも夕陽より朝陽の方が影響が大きいように思う。戦争に行った人にきくと、戦闘で受けた傷を治すのに朝陽に当てたという。

それは朝と夕の大気の状態や温度のちがい、それに受け手の生物の体内環境のちがいが複雑にからみ合って、そういう現象を起すのだろうが、「始まり」の中に活力の元がより多くあると見るのが、自然の摂理にかなっているだろう。毎日の繰り返しの中でその早朝の気を自然から得るというのは、人間という生き物に対して、身体的だけではなく、精神的にも健康な影響を及ぼすと考えても不思議ではない。

しかし現代人は自然と切り離された林立するコンクリートの中で、昼夜の別なく働いたり、活動したりという生活を強いられている。

そのような生活空間、あるいは生活時間におかれた頭脳によって生み出される想念や価値観、思想、哲学というものは、生き物としての人間にとって果して健全なものか、はなはだ疑問に思っている。自然と伴走する百姓生活の中で生み出される野良の文化といったものが、都会や近代に対する対抗文化として必要ではなかろうか。

植物を見て人間を想う

起きて百姓、寝て百姓、百姓に明け暮れ5年経った。この間、毎日家と畑の往復。土ばかり見て暮らしてきた。

しかし人間とあまりつき合う暇がなくても、植物と接していると、人間と似た所もあって一向に退屈しなかった。例えばこんなことがある。

たいていの植物は直かにまくよりも、苗を育てて移植する。昔は移植ポット等というものがないので、移植する時、根が切れる。すると一時は水を上げられないからダラッと肩を落して、見るも無惨な姿になる。しかし数日すると切れた所から新しい根が出てくる。

それは綺麗《きれい》な真白い根で、はじめ辺りの様子を窺うように、おそるおそるという感じだが、やがてその細い根は、古い根をはるかに凌駕する量になり、今までより更に旺盛な生命活動をするようになる。なるほど生命とはそういうものかと思う。傷つけば自らその傷を癒すだけでなく、傷を癒すこと自体が、内に秘められた生命活動の引き金になる。自分の神経症体験と重ね合わせて、生命の逞しさに改めて脱帽する。

また子育てと似ているると思うのは、ほったらかすのもよくないが、甘やかし過ぎるのもよくないということである。水をやる癖をつけると、植物は怠けて、水を求め地中深く根を張ることをしないので、環境の変化に弱くなる。それどころかちっ息して根ぐされを起してしまう。また肥料をやり過ぎて肥料濃度が濃すぎると、根の周囲の浸透圧の方が高すぎて肥焼けを起こすし、分解時のガスで根を傷める。

うまく吸収されても、過多はやっぱり問題で、チッソ肥料は特に危い。図体ばかり大きく軟弱になり、病気や虫に犯され易くなるし、特に問題なのは生殖がうまく出来なくなることである。成長と生殖のバランスが崩れ、生殖に行くべきエネルギーが成長に行ってしまうのである。もしこれがナス、キュウリ、トマト等の生殖の結果収穫する果菜類に起れば万事休す。所謂ツルボケという現象である。

これを人間に当てはめれば、チッソ肥料というのは、タンパク質（チッソが含まれる）に当る。ある統計で、収入が多くタンパク質摂取量の多い地域のお母さんの母乳の出が悪いという結果が出たそうである。このことを知って、私は人間も植物も同じだと思った。

母乳というのは生殖に関するものだが、ごちそうの食べ過ぎ（タンパク質の多量摂取）によって、それが阻害されるというのは一体どういうことなのだろう。

それは肉体に満足を与え続けていると、肉体は我が世を謳歌し自己完結的になるということなのだ。精神活動もふくめ、生物体の生命活動の根幹にあるのは飢餓である。飢餓感がバネになって足を前に出す。生命活動を継げていくための生殖活動を発動せしめるのも飢餓感で、それを身体の危機的状況と察知して、自分を別な固体に残そうとするのが生殖なのである。

こう考えていくと、貧乏人の子沢山は社会学的にだけでなく、生理学的にも理に叶ったものである。母乳の出だけでなく、粗食にすると受胎率も高くなるというのが私の考えだ。日本も最近少しは貧しくなったものの、まだまだ大多数の人が、ごちそうを腹いっぱい食べている。この日増しに虚弱化する日本人を立ち直らせる妙薬は、案外食糧危機であるかもしれない。

神経症が教えてくれたこと

農業歴5年のこの頃には、病みあがりの頃の何を見ても喜び、何を見ても新鮮といった感覚は日常の中に埋没して消えていた。つまり普通の生活人に近くなっていた。神経症という強敵がいたために鍛えられ、向上せしめられたのであるが、そいつが居なくなるとその効能も切れる。神経症の余韻の残っている時はまだその財産を使えたが、今や完全に独立し、新たに隘路《あいろ》を切り開かなければなくなっていた。

だがやはり神経症は私に随分色々なことを教えてくれた。嫌なこと、自分に不都合なことが起っても、あまり悩んだり、落ちこんだりしなくなった。もう一人の私が渦中の私を引き上げてくれるのである。

例えばこんなことがあった。ある時、些細なことで、畑の近くの若い主婦と言い争いになった。互いに相手の非を声高に叫んでいる時、突然我に返った。相手が何を言っているのか、もうきこえない。表情だけが見える。「俺は一体何をしているんだろう」と思った。

私がふいに舞台を降りたので、相方の怒りは宙を舞った。

「ネエちゃん、やめよう。ケンカする程のことやあらへん」「そうやなあ」ということになって、仲直りに私はキャベツをプレゼント。

彼女はお返しに、お好み焼を焼いて畑に持ってきてくれたのである。このお姐さん、あまり料理が上手じゃなくて、2枚のお好み焼を四苦八苦してたいらげたナァ。

畑に居る時は、瞑想しているのと同じだった。かつてあれほど想念の反芻に悩まされた私であるが、畑に足を踏み入れ、具体的な作業にとりかかると、すぐに自分を忘れた。神経症の時は自分自身が自分に向ける兇器になっているので尚更だが、健康な時でも、自分を忘れた後は清々しく、一つひとつの細胞が活性化されているようであった。

5年の歳月は、私を農業で一家を養うだけの金を稼げるプロの百姓にしてくれていた。私はようやく一息ついて、世の中を見回し、情報に耳を傾けてみた。長い間、農業書以外の印刷物など手に取ったこともなかった。

それにも関わらず実によく見えた。そしてその一つひとつの事象に対して、明確に自分の意見をもつことができた。かつての私は不透明な混沌の中に居て、事象に対して価値評価できる力をもたなかった。

「これは一体どうしたことだろう」と思い、すぐに気がついた。「農」というものさしが出来たからなのだと。

心の葛藤から抜け出し、初めて本当の意味で社会や歴史に出会ったが、その時から硬質で具体的な事物に関わろうとした。それが「農」であった。そしてこの時、その「農」を通して、社会がくっきり浮き彫りにされるのを見たのである。

三昧の時代は終った。片足を抜いて、この間培ったものを社会に還元しようと思った。

有機農業運動との出会い

そこでまず目をつけたのが、有機農業運動である。１９７０年代の初頭、ヨーロッパ輸入のエコロジーというコトバをきいた。もともと生態学を指すそうだが、その意味が社会学的に変化して、自然と人間を目指す思想、運動になっていった。

有機農業に関するものとしては、74年から75年にかけて『朝日新聞』に掲載された有吉佐和子の「複合汚染」がある。これは時宜《じぎ》を得たもので、大きな反響を呼んだ。食べ物、生活用品、自然環境など、きわめて深刻な情況にあることに警笛を鳴らすものであった。この小説で有機農業が一躍注目されるようになるのである。私自身、有機農業には大いに興味をもっていたが、時には農薬も使い、時には化学肥料も使い、有機農業もどきみたいなことをやっていた。私流に言えば、直売農法といったものである。市場出荷ではなく直接客に売るのであるから、見映えはさほど気にしないで、味や栄養、安全性といった中身を考えればいいわけである。そのためには、商品価値を高めるための農薬や小賢しい細工は必要なかった。それでも栽培のための農薬を必要としたが、水田との田畑輪換で野菜作りをし、なるべく農薬の世話にならないようにしていた。

農地には地目というものがあって田と畑に分けられる。田には水路があるが畑にはない。従って排水さえうまくやれば田で野菜は作れるが、畑で水稲は作れない。水田は水を貯め、空気を遮断するので殺菌作用、水を出し入れするので浄化作用がある。そのため水田の跡地で野菜を作ると、野菜特有の連作障害を緩和できるし、比較的病害虫が少ないのである。

そのような現場をもって、ある有機農業の集まりに初めて出席した。想像していたのとはちがい、出席者の大半は消費者で、先導しているのは大学の先生であった。たまに居る生産者は、消費者あがりの脱サラ百姓と言われる人で、ああこれは消費者運動なのだと思った。発言内容も現場の百姓がきいたら、承服しかねるようなことが多く、我々にとってプロセスであるものが、そこでは出来上がってしまっているのであった。つまりそこに至る技術的むずかしさや何倍もの労力とか手間といったことが置き去りにされて、現場の人間にとっての到達点から話されているのであった。

そういう集会にはそれから何回も出たが、最初の印象通りで、一般の農民を巻き込んで日本の農業を変えようという姿勢ではなく、何か学生運動のセクトの集会に出ているような感じも受けた。常に結果責任から逃げられない現場の保守性を取り込まない運動はやはり急進的、観念的になり勝ちで、私は常に違和感を覚えながらも、もう少し間口を広くしたいと思っていた。

雑誌『八十年代』とN君

その頃、私が外に出かけるきっかけになった出来事がもう一つあった。『八十年代』という雑誌が創刊されたことである。本作りをする人と読者との距離がぐっと近い雑誌で小さい者からの視点で丁寧に語ろうとしていた。

内容は自然、環境、身体、スピリチュアル、反原発といったもので、時代を色濃く反映していた。

事情があって、その「読者の会」というのに関わることになった。そしてやがて私が世話役になり、毎月呼びかけ文なるものを書いて、会を持続させ、自分より若い人達と色々なテーマについて語り合った。

　この集りの中で、私の所で農業を覚えたいという人が現われる。この大学出の青年が我が農園の研修生第1号となるのである。このN君は私の知らなかった人種で、ああ私の知らないうちに新しい世代が誕生していたんだと思った。

　私の学生時代はベトナム戦争、日韓条約、中国の文化大革命、そして最後は全共闘運動とまさに政治の季節であった。私は文学青年で、政治運動にはあまり関わりを持たなかったが、その場の空気は否応なく吸っていた。全共闘運動では、特に東大の学生は口々に「自己否定」を叫んでいた。自分達が目指す社会においては、エリートたる自分は否定されるべき存在であるというのだろう。

　当時「自己否定」というのはとてもカッコよくきこえたが、それで学生や研究者をやめた人は数少ない例外を除いてほとんどいない。「自己否定」などという怖しいコトバは軽々しく口にすべきではない。

　この全共闘運動が10年経って彼方の出来事になり、それ以降の学生の動向は知らなかったが、今N君に接するようになって、「自己肯定」世代が出現したと感じたのである。彼は真摯《しんし》によく働いた。しかし力仕事はいいのだが手仕事が遅かった。注意しても、なかなか出来るようにならなかった。

　私の口癖は「素人は自分流でやるな。プロのやり方を見習え。型を身につけ、プロ並みにやれるようになったら自分流でやれ」というものであったが、N君は必ずしもそうは思ってなかったようだ。

「そんなこっちゃあ、一人前の百姓にはなれんぞ」といのも、私の口癖ではあるが、これにも彼は無言の抵抗をしていた。彼の表情は、「一人前って何ですか」と言っていた。そういう網を被《かぶ》せることが、人を抑圧し不自由にすると感じているようだった。

同じように「食っていく」というコトバもよく使うがこれも同じようなものだ。私は「百姓」ということについては、世間の常識を蹴飛ばしたが、「一人前」や「食っていく」については、世間の常識に従った。

だがN君はちがう。「一人前」も「食っていく」もその中身を疑っていた。もしかしたらそれは自由児や革命児や異端児を、社会の体制、秩序内につなげておくための、あるいはそこから排除するための殺し文句かもしれないのだ。彼は「〝一人前〟や〝食っていく〟の中身は僕が決めるんだ」と思っていた。事実、自分なりのライフスタイルをもち、つつましい暮らしをしていた。その自己肯定ぶりを、なかなか見事だなと思って見ていた。全共闘世代の自己否定の呪縛はもうそこにはなかった。

N君を皮切りに、我が農園に10代、20代の若者が集うようになり、「八十年代」の文化を持ち込んできたのである。

私は別に自己否定派ではないものの彼らに比べれば、保守的で頑迷《がんめい》固陋《ころう》であった。だがその流儀を変えるつもりはなく、我が家は文化的戦場となったのである。

芋煮会のお誘い

芋煮会は東北地方の秋の風物詩である。山形の最上川の川原で行われるのが特に有名であるが、岩手だって秋田だってこれに負けてはいない。

西南日本では愛媛を除いて、あまり芋煮会の噂はきかないが、それには理由があるようだ。芋煮に使う芋は里芋だが、これはサツマイモ程ではないにしても、寒さに弱く、東北地方では土に埋める以外、貯蔵はむずかしい。腐らないうちに、お祭り騒ぎして食べてしまえという訳だ。

東北は冬は雪で閉ざされる。長い冬を乗り切るために、その前に思いっ切り楽しんでおこうというのかもしれない。川原ではあちこちでグループの輪が出来ている。花見と同じで、群れが群れを呼ぶ。芋煮会なんてうまく考えたものだ。料理は簡単だし、色んな具が入っていて、酒のつまみにもなるし、身体もぬくもる。群れて、酒を飲んで、騒ぐネタに芋煮が選ばれたという次第。

これに対して西南日本は、暖かく芋の保存もきくので、慌てて食べてしまわなくていい。それに雪に埋れる訳でもなし、わざわざ川原に出て、逝く秋を楽しむこともなかろうということなのだろう。

ところで肝腎なのは、ここ熊野川での話。人々が熊野川の川原に降りなくなって久しい。この流域に住む人は、飲み水といい、田んぼの水といい、多かれ少なかれ、この川の世話になっている。にもかかわらず、川と人の日頃のスキンシップは皆無に等しい。

どうです皆さん、ここは東北でなく南紀州ですが熊野の守り尊、熊野川に感謝する意味もこめて、この広い川原で芋煮の宴《うたげ》をしませんか。人々が再び川原に足を運ぶようになれば、川と人の間に血が通いはじめ、川と人の豊かな関係を取り戻すよすがとなることでしょう。

当日は天恵卵を生んでくれた鶏の肉と、高山《たかやま》の畑で穫れた里芋や野菜のたっぷり入ったおいしい芋煮汁をすすりながら、新米のおにぎりをほおばって、歌やら大道芸やらを楽しみましょう。参加費は一人500円（以上）、子供半額、カンパ大歓迎です。

2010年冬

百姓賛歌3題

冬の畑

里芋の出荷が終ってホッとしている。外は木枯らしが吹いて、枯葉が舞い、まさに冬到来という感じだが畑は今を盛りの冬野菜が青々として、一年中で一番豊かな時期を迎えている。白菜、大根（青首大根、丸大根、中国大根）、キャベツ、レタス、半結球レタス、ブロッコリー。キクナ、ホウレンソウ、ネギ（太ネギ、細ネギ、赤ネギ、下仁田ネギ）、チンゲン菜、ターツァイ、小松菜、シロナ、大カブラ、小カブラ、菜花、タカナ、水菜、みぶ菜、芽キャベツ、ニンジン、ゴボウ等が収穫の最中である。

うらぶれた冬景色と好対照の畑の華やかさに、それだけで豊かで暖かい気持になる。私が自分の冬の畑の素晴しさに気づいたのは、まだ自由に中国に渡航できなかった私の若い頃、かの国を旅して帰った直後だった。12月の初旬、北京、石家荘、太原、大寨といった所を回り、戻って真っ先に畑に行ったのである。中国の北部は雨が少なく、冬場は殆んど降らない所もある。文化大革命の時、「農業は大寨に学べ」と言われた大寨などは、8月から一滴も降っていないということだった。山の上に満々とたたえられた水を見せてもらったが、その備えがかえって気候の厳しさを物語っていた。北京郊外で見た畑も、畝ではなく溝に作物が植えられていた。行く所、行く所、茶色のトーンで、山に木はなく、細い沢の流れさえなかった。全て乾燥しひからびて、落葉もヒラヒラと舞うのではなく、ミイラとなってコンクリートの上をバリバリと音をたててころがっていた。

そして我が畑に降り立った時の感動と驚き。中国の残像の上に重ねられた鮮やかな色彩。白黒映画が突然カラー映画に変ったような、あるいは暗い穴倉から出て外の太陽を浴びた時のような衝撃であった。

「オレはこんなにも豊かな国で百姓してたんだ」という思いがこみあげてきて、自分の恵まれた位置に感謝した。あらためて見る野菜達は一層逞しく、輝いて見えた。

あれから30年余り、相変わらず野菜を作り続けている。日本農業の衰退が言われて久しい。物には値段というやっかいなものがあって、価格競争がどうのこうのと言われるが、もしそんなものがなかったら、日本は世界有数の農業国たり得る。いつの日か、お金が役に立たない時が来たら、みんなこの風土の値うちに感謝するだろう。私はそのことをよく知っているので、ＦＴＡが来ようが、ＴＰＰが来ようが全く百姓をやめるつもりはなく、淡々と米を作り、野菜を作り、鶏を飼っていこうと思っている。緑したたる瑞々しい冬野菜達に囲まれて、百姓の喜びは昔も今も変わらない。

里芋の出荷

我が農園の一番忙しい時期は10月、11月である。サツマイモの収穫、出荷に続き、里芋。これがサツマイモの何倍も手間がかかる。その間、鶏の冬の緑餌用の水菜の植えつけ、これも６０００株余り。それに玉ネギ、春キャベツの定植、エンドウの播種と盆と正月が一緒に来たようなテンテコ舞いの忙しさ（みなさんご存知ですか。どうでもいいことだけど、これは昭和25年に流行った笠置シヅ子の「買物ブギ」という歌の一節です）。

河内の百姓の時は消費地に恵まれているので、新鮮さが勝負の果菜類や葉物が中心だった。しかし熊野の百姓になってからは消費地が遠いので、自然と貯蔵性のある芋類が中心になった。

里芋は10月下旬から掘り始め、12月の声をきくようになってようやく終わる。農作業の一段落と一年の終わりが重なるので、とても落ちついた気分になる。他の職業の人にしかられるかもしれないが、こういう気分は自然相手に生きている人間にしか、なかなか味わえない贅沢である。

里芋の期間中、私はあまり里芋掘りをしないで、一日中倉庫にこもって仕分け作業をしている。里芋は掘るのは簡単だが、小芋や孫芋を一つずつはずし、ヒゲを取り、泥を落とすのに大変な手間を食う。私はそれを更に出荷用に仕分けして、コンテナに詰めるのだが、これがまた年季のいる仕事なのだ。

里芋はまず親芋があり、それに子芋がつく。そして子芋からも茎が伸び、そこに孫芋がつく。親芋は子と孫を養ってきたので、身体は大きいが、宿すエネルギー濃度は一番薄い。子も孫も養うのでエネルギーを取られる。孫は誰も養わず、全部自分のものという訳だ。当然孫芋は品質、味もよく、商品価値が高い。しかし孫芋のいいのばかりを出荷するのではなく、中には器量の少し劣るのや、時にはかろうじて合格といったものも混ぜ込む。しかし二級品の割合が多過ぎたり、見た感じが下品だったりするとクレームがくるので、それはそれは絶妙のコントロールが要る。それには一つひとつの芋の品質に精通していなければならず、他の人に頼めないのである。

ここではこれ以上詳しく説明できないが、一株の里芋であっても、その一家には色んなのがいて、表情も味もちがう。私は仕分けする時、里芋を五つに分類する。まず出荷用。次に来年の種芋用。他は民宿用と自家用と鶏用。

出荷用については先程述べた通り。種芋は本来一番品質のいい孫芋を使うのだが、今年は夏の猛暑で異常発生した虫にやられたり、水不足で作柄が悪く、孫は殆んど出荷用に回した。種用には虫が空けた穴空き芋や、出荷には向かない大きな子芋を使うことにした。穴空きでも程度が軽ければ種にはさしつかえないだろう。子芋もエネルギーの薄い分、大きさでカバーできるので問題ない。親芋も種に出来ないことはないが、図体が大き過ぎて扱い辛く、普通は種に使わない。親芋でも、セレベス（赤目）、唐芋（ズイキ芋）、エビ芋（白目）といったものは食べておいしいので重宝するが、一般の品種の場合、だいたい親は棄てられる。しかし好んで食べる人もあるし、食べる地方もある。出会いの里では、主に鶏のおやつになる。

食糧難になれば、里芋は優良な作物として評価されるだろう。親芋も含めての収量は、米の５～６倍、サツマイモの１・５倍以上はあるだろう。ただしサツマイモより不利なのは、それ相応の肥料と豊富な水が要るということである。

さて話は少し横にそれたが、三つ目の箱は民宿用だが、これには孫芋であっても商品にならない小粒なものばかりを選ぶ。丸のまま食べられて味も最高である。本当はこれが一番高級品で、生産者以外は料亭でしかお目にかかれない。

残り2箱は自家用と鶏用。この2種類は選外であるが、人間が食べられる方を自家用に、残りを鶏にということである。最後に残ったクズ芋でも煮て与えると、鶏は歓喜の声をあげ飛びついてくる。こんな具合に、農家の暮しというものは棄てるものがなく、人間も鶏もセットになって自然の中をぐるぐる回っている。

そのためにも無駄を出さないよう仕分け作業をきちっとしなければならないが、それだけ時間もかかるので、時として昼間ばかりでなく夜なべ仕事となる。火の気のない夜の倉庫で、一人黙々と里芋と向き合う。不思議な程何も考えない。こういう時間が私はとても好きなのだ。

指先が一つひとつの里芋に触れていく。1カ月通せばその数、数万個に及ぶ。静かな刻《とき》の流れの中で、私の中の何かが里芋に伝わっていく。一つひとつ丁寧に伝わっていく。百姓はみんなこうして自分の分身を送り出すのだ。今年もまた里芋さんありがとう。

柿物語

今年もまた例年の如く、藤井寺の実家に帰って柿の木に登った。農作業が忙しく、いつもの年より半月以上遅れたが、温暖化で熟期がズレ、丁度頃合いに収穫できた。柿の収穫は高校生の頃からで、かれこれ50年になる。かつて3本あったが、1本切って今は2本になった。品種は平核無《ひらたね》というシブ柿だが、毎年よくもまあという程成る。隔年結果の覚えもあまりなく、今年も鈴成りを越え、ブドウの房のように実がついている。下から見上げると空が見えない程で、満開の桜を見るよりずっと迫力がある。

結婚して二人の子供を育てながら、この家を守っている二番目の娘とコンビで収穫が始まる。私が木に登り、下で娘がエプロンを広げる。若い頃、木から二度だか三度だか落ちたことがある。柿の木は危険なので子供の頃は登るのは御法度、大人の見幕が怖く、その教えに従っていた。

高校になって解禁になったが、やはり落ちてみないと分からない。大人達からさくいので折れ易いと教えられていたが、生木はそう簡単には折れない。危ないのは枯木である。柿には枯枝が必ずあって、それが生木のような顔をして幹にくっついている。その枯枝に足をかけて、バキッとやるのであるが、見分け方は、枯枝には葉っぱがついていないことである。

下から娘が「お父さん、気ィつけや」と言う。年経ると実力以上に自己評価していることが多いと戒め、年々慎重になっている。それでも作業を始めると昔取った杵柄で、かなりのスピードで次々とエプロン目がけて落としてゆく。私はやせているので体重は軽い。その割に力はある方なので、充分片手で木にぶら下がることができる。柿の木とつき合うには、それが最低の条件である。66歳にもなって引退できないのは後継者がいないからで、息子も娘ムコも腕っぷしは申し分ないが体重が重過ぎる。

しかしそれより何より、柿の木に対する思い入れが全然ちがう。少年の頃、毎年大和の父母の知人から柿をもらっていた。その柿があまりおいしいので、うちでも植えようということになり３本苗をもらった。それ以来、60年近いつき合いである。

かつて収穫は私であったが、シブ抜きは祖母の仕事であった。しかし大学時代祖母が亡くなり、しばらく母がしていたが、やがて私が引き受けるようになり、一切合切全て私がするようになったのである。熊野に居を移してからも、この季節になると柿の呼ぶ声がきこえるようになり、毎年会いに帰る。

柿の収穫は丁度秋祭りの時期で、昔は祭太鼓の音をききながら、シブ抜きをしていた。まずハサミでヘタについた枝を切り落とし、ヘタを焼酎に浸して、箱に一つずつ並べていく。詰め終ったらテープで目張りをし、空気が入らないようにして暗所に１週間ほど置く。するとシブの原因であるタンニンが不溶性に変わりシブが抜けるのである。もっとも最近は便利なビニール袋がある。それに入れて口を閉じるとより気密性が高いので、５日もすると大丈夫だ。一度に大量かつ短期間で処理する場合、炭酸ガスのガス室に入れるが、私は焼酎で抜くのが一番おいしいと思っている。その他、湯抜きといって、人肌の湯に一昼夜漬けておく方法もあるが、味が水っぽくなる。

娘が下から又、声をかける。「お父さん、その調子やったら80歳までいけそうやな」それ程体は柔らかく動く。「1個たりとも無駄にするまい」との思いで、命ギリギリまで身をのり出す。全て片手の作業であるが手際よく娘のエプロンに沈めていく。

下から再び声がかかる。「お父さん、柿の精が乗り移ったみたいやな」、まさに私もそう感じている。この柿の実のおいしさを一番よく知っているし、一番長くつき合ってきた。この世界一旨い柿をできるだけ沢山の人に食べてもらいたいと思っている。収穫した柿はシブを抜いて、全て人にあげる。こんなおいしい柿を何故売らないのかと言ってくれる人がいるが、この柿はお金に換算したくないのだ。否、換算できないのである。本当は農作物全てそうなのだが、世間で生きたり、生活するためにはそうワガママも言っておれず、仕方なく値段をつけて売っている。しかしこの柿に関しては、ワガママを通したいのだ。

コンテナに8箱程になったが、年を考えればこれ以上は危険である。高い枝のものは熟したら、やがて鳥のエサになるだろう。

収穫した柿は熊野に持って帰り、その日のうちに処理する。15個ずつビニール袋に詰め、口を縛り、50余り作る。他は皮をむいて干し柿にする。

6日経って開ける。今年のは一段と甘い。これなら安心して人にあげれる。あげる方の自信が半端じゃないので、もらう方も大変だ。柿を渡す時、その場で一つ、必ず食べてもらう。私の選んだ人はやさしい人ばかりなので、誰も彼も真剣な面持ちで、目をくりっとさせ、「おいしい!」や「うまい!」を連発してくれる。

「全国農家の会」に参加して

12月8日、９日と「全国農家の会」に出席した。現在メンバーは40人程で、毎年出席するのは15、6人。今年は少し多くて、17、８人だった。ここ10年余りは、集まり易いということで、たいてい東京本郷の旅館で行われている。オブザーバーというか、記録係みたいな感じで、毎回農文協の職員も参加する。この会の発足は20年余り前だと思うが、守田志郎という農学者が関わっている。

守田さんは１９７７年に53歳で亡くなっているが、社会学者として人間として第一級の人であった。彼の師に当る史学の大御所の大塚久雄さんの共同体に対する考え方を批判したことで有名である。

有名なのは二つの意味において、つまり一つは共同体に対する定説をくつがえしたことであり、今一つはその学問の方法についてである。

これまでアカデミックな学問は客観性を至上価値とし、そのため自己を対象から切り離し、対象の外に自己を置くことを正しいとして疑わなかった。森を客観的に見るために雲の高みまで昇ろうとする行為を守田さんは「金の気高さをもって確立してきた学問」と呼んでいる。しかし守田さんは金と訣別して鉛を志向した。森を見るために雲の高みに昇るのではなく、森の中に入る。農の外側にいてアレコレ言うのではなく、農に踏み込み、農と向き合い、時には農の目線で農を見る。そのためにムラに入り、農民と交わる。その守田さんの学問に対する姿勢のお陰で、今でも全国の農家がこうして集い、語り合う場があるのだ。

私は大塚さんのことはよく知らないが、彼はメジャーな歴史学がそうであるように、農村の共同体を遅れたもの、自然や土地に隷属する前近代的なものと見ていた。しかし守田さんは農村にとって共同体は必要なものと見、互助精神なども含め、未来への可能性として積極的に評価した。共同体が解体し農民層が分解して、下層はプロレタリアートへ、上層は大規模資本主義経営と進み、市民社会が形成されるのが社会的進化の道筋とは考えなかったのである。

独断で言えば、大塚さんは西洋市民社会をモデルに考えているのに対し、守田さんはそのものに即して考えている。極端に言えば、森に入って、木になってしまった学者かもしれない。

そういう守田さんは当時、「東北農家の会」や「九州農家の会」などという会を定期的にもって、全国各地の農民と話し合いを重ねていた。しかし突然亡くなり、交わりのあった人達が墓参りに来た時、相談して出来たのが「全国農家の会」なのである。

私は70年代から守田さんの存在は知っていたが、その余りの名声に天の邪鬼の私は意識的に近づかなかった（アホやねえ）。しかし亡くなってタブーが解けたみたいにその著作集を手に取り、大いに反省した。「ああ、生きてるうちに会いたかった」と。

「全国農家の会」には、守田さんに教えを受けたメンバーが何人か残っているが、当時の青年もみんな老人になってしまった。農村も大きく様変わりし、守田さんの頃には、孤独や孤立、不安といった問題をかかえる市民社会に対峙できる存在として、農村の共同体を考えることができたが、今はもう死滅寸前だ。「農業が農業らしく、農村が農村らしく」が守田さんの求めたものであるし、そうあってこそ都市を照らす光ともなり得たのである。
守田さんが心と頭脳と身体と自らの生き方を通して築いた、愛のあふれる精緻な農業・農村論も一かけらのデリカシーもない時代というブルドーザーに踏みつぶされたかに映る。

農業の危機は人の口にのぼって久しいが、この会に出席して改めて農村の危機を強く感じた。現在、限界集落と言われる過疎地だけでなく、農山村全体に限界集落化が進み、10年後、20年後も安泰だという所は何処もない。農村自身が杖にすがってやっと歩いている状態だ。

その中でも一番ショックだったのは人心の荒廃である。農道で軽トラを脱輪しても誰も助けに来てくれないし、狭い道で相手を先に通してやっても礼も言わないという。守田さんがよく言っていたのは、全員の中くらいの幸せだ。それが農村の理想の姿なのだが、自由経済が農村にも浸透し、横の結びつきがだんだん希薄になり、個々分断され、ついには他人のことなどかまっていられるかというまでになっている。守田さんがこの話をきいたら何と思うだろうか。みんなの意見をきいていて、ムラの葬式の準備をしているような気分になった。ＴＰＰ（トランス・パシフィック・パートナーシップ＝環太平洋連携協定）やＦＴＡ（フリー・トレード・アグリーメント＝自由貿易協定）の話題にも、あまり反応を示さない。これまでならそれらは驚天動地の出来事なのだが、米の自由化問題以降の世界情勢や、農業に対する世間の動向を見て、「何を言っても時代の趨勢には逆らえない」というあきらめが先に立っている。早晩、ムラはこの大きな波に呑みこまれ、今より更にひどい状態になるだろう。

しかし希望もある。歴史は変転し、我々は常にプロセスの上で生きているのも事実だ。守田さんが望んだ農村は壊滅しても、世界がなくなる訳でないし、百姓がいなくなる訳でもない。筋金入りは生き残るし、その時代にふさわしい百姓が出てくる。肝腎なのは人心の荒廃をどうするかだ。子供の時から精神的骨格の丈夫な真人間を育てれば、現象世界などどうにでもなる。現象に振り回されるから心が荒廃するのだ。表面より底を見つめ、人々がもっと魂のあり方を大切にすれば、自ずと道は開ける。

この風潮を怒ることなく悲しむことなく、有史以来の農村改造劇として、よりよきものへのプロセスとして見つめつつ、私は私の現場を大切にし、私の農業を続けていく。

◆守田志郎氏の主な著書

『農業は農業である』

『農家と語る農業論』

『小農はなぜ強いか』

『農業にとって進歩とは』　農文協刊

私の神経症体験　６

精神病

雑誌『八十年代』の読者会では、様々なテーマについて話し合ったが、その中で今でも印象深く覚えているのは「精神病」である。その頃あった『朝日ジャーナル』というお堅い週刊誌で、若手の意欲のある医者のグループが、自分達が理想とする精神病院を建てたという記事を読んだ。具体的な内容は忘れたが、彼らが目ざすのは、人目に触れないようにするといった精神病院の暗いイメージではなく、地域とともにある開かれた病院とか、安心して精神病になれる病院とかいったものだったと思う。

私は自分が神経症を経験しているので、心の病というのは、肉体の病以上に辛いものであることを知っている。それに身近に分裂病（現在では統合失調症と言われる）の人が数人いたこともあり、読者会でその話題をとりあげ、メンバーとともに滋賀県にある当の病院を訪問した。

院長は私と同世代、他の医者も若い人ばかりで、白くて明るい建物とマッチして、新しい試みに挑戦するというフレッシュな思いが伝わってきた。院長は患者に対する時、医者が着るあの白い上っぱりを着ていないことがあった。あれは医者の作業着であると同時に、治療者と被治療者を隔絶する権威の象徴でもある。

時としてそれを脱ぐというのは、その境界、垣根を取り払い患者と生で接しようという前向きな姿勢の表れだと思った。双方にとってそれはボーダレスな自由な通路を行き来するための信号であった。そういう試みがいつも成功するとは限らないし、かえって混乱を招くことになりかねないこともある。しかし制服を脱いで、みんなの医者からあなたの医者になることによって温かい血が流れ、凍った患者の心を融かすことがあるのかもしれない。

とは言え、一般的には精神病、特に統合失調症の治療はむずかしい。何故むずかしいかと言えば病覚があまりないからである。神経症は病覚はあり過ぎる程あって、本人は苦しくてならないのだが、外から見て分からない場合の方が多い。統合失調症の場合はその逆で、外から見ると明らかにおかしいのだが、本人はおかしくないと言う。こちら側から見て何故おかしく見えるかと言えば、それは彼が妄想でこしらえた別の世界に生きており、それが彼の現実だからである。それ故、彼を現実世界へ連れ戻そうとする時、けっしてこちら側の現実を押しつけず、相手の現実に近づき、こちら側への通路を作ってやらねばならない。これは言うは易しだが、伊達や酔狂で出来ることではない。統合失調症の人を本気で治療しようとすれば、どうしても何処かで彼の世界に踏み込み、その世界を共有せねばならず、肉体の命懸けでなくとも精神の命懸けの仕事となるのである。

これを出来るのは本当は医者よりも家族である。家族の愛以上の治療法はない。病覚がない病気というのは、霊的に見れば、本人の問題よりむしろ家族の問題であり、更に言えば、人間という集団の問題である。患者を隔離し、社会から一掃しても、また一定の数の患者が発生するというのを何処かできいたことがあるが、これは要するに類の問題で、精神病を背負った人を類的存在として位置づけ、対処すべきだということだ。類的存在というコトバはマルクスが使っているが、それとはちがい私の言う類的存在とは、人間はインディビデュアル（個人）としてあるだけでなく、類の一員として、類と連動するものとしてあるということである。神経症とちがい病覚のないこの病気は、本人だけの問題ではなく、類から吐き出される矛盾を類の外に捨てるために作り出されたものかもしれない。もしそうなら類の浄化作用の役目を担った聖なる病と言える。家族は類を凝縮した小さな単位と考えれば、家族の役割は一層大きくなるはずである。

堺のある精神病院では、患者を病院の周辺に住まわせ、なるべく入院させないで、娑婆《しゃば》で生きるようにしていた。私の農園にもグループで芋掘りに来て、食事をしたり閑談したりした。そういう交流は私も望むところで、開かれた医療に協力しているつもりでいた。しかしその人達と接するには、やはり精神病に対するある一定の知識が要るし、思いやりも必要だ。それに月に1回とか年に1回とか、非日常的なレベルでつき合えても、日常的には相当エネルギーのいることだ。実際に精神病の人を2、３人あずかったことがあるが、これは人によりけりで、比較的楽につき合える人もいる。その当時は何とか治してやれないものかと意気込んだが、焦りは禁物で、今思えば現状を丸ごと認めるのが一番の治療だという気がしている。

ベルギーにギールという街がある。ここは宗教的理由で、中世から精神病の人を受け入れてきた。家庭医療の実践の場として、世界はいつの時代もギールに目を向け、お手本としてきた。

この精神病の人々との長い関わりを通して、ギールも世界もその治療法が進んだかと言えば、けっしてそうではない。行きつ戻りつの繰り返しである。ギールは多い時には４０００人を受け入れたというが、今では5～600人に減っている。ギールの街も都市化が進み、環境の変化や生活様式の変化、人々の意識のあり方等も変ってきているのだろう。しかしギールは私が後になって気づいたように、町全体で何百年にもわたって精神病者の現状を丸ごと受け入れてきたのだ。こちら側に連れ戻そうとするより、彼の現実に寄り添う。この時に必要なのも、神経症と同じように本当の意味の「あきらめ」だ。現実を見定めてそれを引き受ける。神経症の場合は本人だが、精神病の場合は家族である。それが日常生活の中に根を下していけば、病気は忌むべき対象から、家族の絆をつなげる太い綱となるだろうし、希望へと至る大道ともなるだろう。病気を見ないで、ひたすら人を見、人を大切に丁寧に扱うことが、神がこの病気に託したメッセージとして受けとめられないだろうか。

葦舟の奉納

12月5日に嶋本さん、高栖さん、私が石川仁さんにつきそって、速玉大社、那智大社に無事1メートル余りのミニチュアの葦舟を1艘ずつ奉納することが出来た。

速玉大社では、長時間上野宮司と閑談する機会を得、奉納の儀式も丁重にとり行われた。午後からは那智《なち》大社に詣でたが、ここでも礼をもって迎えられ、朝日宮司立ち合いのもと、巫女の舞いまで見せてもらった。

その後、隣の青岸渡寺《せいがんとじ》に行き、高木了英さん夫妻から開祖の裸形上人《らぎょうしょうにん》の話をきいた。この方は仁徳帝の頃、インドから葦舟で日本に来たそうで、「青岸渡寺にも葦舟を奉納しなければなぁ」という話になった。確かに木に描かれたマンダラには、葦舟らしきものが書かれている。

那智を後にし、途中補陀落寺《ふだらくじ》に寄り、ジーパンをはいた住職から補陀落渡海の話をきいた。六月の本宮大社への奉納と合わせ、この日の二大社と熊野三山全てへの葦舟奉納を終え、石川さんは夜行バスで帰っていった。

第6章

真人間になろう

2011年春

ひのもとおにこ

「日本鬼子《ルーベンクイズ》」というコトバを御存知だろうか。尖閣諸島の問題等で、中国のデモ隊がニュースで映し出され、見たという人もいるだろう。これは中国人が日本人を侮蔑、罵倒して使うコトバである。

この非文化的な使用法に対し、日本の心優しき萌え系オタクの人達が心を痛め、文化的な使用法に転換させることに成功したのである。

彼らは「日本鬼子」を「ひのもとおにこ」と読み、萌え系の「おにこちゃん」のキャラ創作をオタク仲間達に呼びかけたところたちまち集った多彩なキャラ。頭にアクセサリーのようなかわいい角をチラッと見せた美女系、かわいい系、グラマー系、癒し系、いずれ劣らぬ魅力あふれる鬼子ちゃん。「ルーベンクイズ」を手品の如く萌え系の「ひのもとおにこ」に変身、というより出世させてしまった。

そしてこの「ひのもとおにこ」嬢を中国のオタク趣味Ｗｅｂ掲示板に日中親善大使として派遣したのである。あなた方の言う「日本鬼子」というのは、もしかしてこの娘のことではありませんか。

仰天した中国のオタク族の反応はというと

「こうくるとは全く思いもしなかった。あの国はよく分らん……」

「やべぇ……。日本はやっぱりやべぇ国だよ。ちょっと負けを認めるべきかもしれない。あっ、基本は黒髪ロングでお願いします」

「こんな手を打ってくるとは。あの国はまずオタクから何とかした方がいいんじゃないか？」

「こっちは罵声を送っていたはずなのに返ってきたのは萌えキャラ…何かもう無力感に苛まれる」

「やつら絶対萌えで世界征服する気だろ」

さてここからは私の感想でありますが、こういう非暴力で逞しい種族が、ネットの萌えオタクという隠花植物の世界で育っていることを心強く思いました。この国には鉄鉱石やレアメタル、石油、石炭といった資源はないが、世界に通じる知恵とユーモアがあると、萌えオタクが証明して見せてくれました。

ここにきて隣国の中国やロシアとの関係がギクシャクしてきました。どちらも大国です。日本のような小さな国（小日本《シャオルーベン》も中国での侮蔑語）が武力でかなう訳がありません。こんな時こそ知恵とユーモアを使うべきなのですが、萌えオタクがそのヒントをくれたのです。

考えてもみて下さい。時代は既に21世紀です。未だに武力で人を脅しつけるなどは進化の遅れた野蛮人のやることです。

アラブの独裁国も、民衆は次々とその圧制から立ち上っています。色々な変動がありながらも世界は調和に向って進んでゆきます。それがこの宇宙の属性、というより根本原理だからです。

ついでだから言ってしまうと、中国の共産党一党独裁体制というのは、間もなく終焉を迎えるでしょう。それはどうしてかというと、GNP世界第2位の出す波動と共産党一党独裁という波動が齟齬《そご》をきたしているからです。経済成長する程、その乖離《かいり》が激しくなり、その限界点を超えた時互いに引っ張られたゴムのように共産党がはじき飛ばされることでしょう。

萌えオタクの様な発想が世界中の若者の間に伝播してゆけば、世界は案外短期間のうちに大きな変化を遂げるかもしれません。

真人間になろう

昼食の時、テレビの続きものアニメを見る。名作少女ものが好きで、「アルプスの少女ハイジ」や「赤毛のアン」等は何度見ても心動かされる。今見ているのは「ペリーヌ」といって30年ほど前にも放映されたものであるが、その時も見た記憶がある。原作はエクトル・マロの「家なき娘」である。ペリーヌやその母マリの嘘がなく誠実で、努力を惜しまない生き方を見ていると心が洗われる。

誰だってそうだろうけど、私は特にこういう真人間が好きだ。子供の頃には「真人間」というコトバを時々きくことはあったが、最近はめったにない。10年ほど前、久し振りにこのコトバに巡り合って、あらためていい日本語だなあと思った。民主主義、権利、義務などという裃《かみしも》をつけて意味を定義しなければならない外来語よりもっと本質的で、民衆の暮らしの中で脈々と生きてきたコトバだと思う。

このコトバに出会ったのは、鶴見和子さんの『対話まんだら　石牟礼道子の巻』である。私は学生時代から石牟礼さんのファンで、昔はよく彼女の感性の大海で溺れたくなったものだ。一度電話で話したことがあるが、それはそれは優しくきれいな声で、受話口から嫋《たお》やかな気の流れが伝わってきた。

石牟礼ワールドでは、風や波の音も、巨岩の存在も、樹々の暗がりや路傍の花も、全て彼女の魂をくぐり抜けることによって現実以上の現実感をもって読者に語りかけてくる。

それは代表作『苦海浄土』においても全くそうで、これを読んだ人は最初、水俣病の患者さんのきき語りだと思うが、さにあらず石牟礼さんの創作なのだ。しかしまあ正確に言うと創作ではなく、彼女の魂がきいた患者さんの魂の声なのである。だからこそ本物のきき語りよりももっと本物なのだ。

さて真人間の話に戻る。

鶴見「……私、あなたのお母さまが生きていらっしゃるときに、お目にかかれてよかったと思った。とってもふくよかなの。ほんとにぽちゃっとしたかわいらしいお婆さま。温和そのもの。観音様みたいな方よ。ほんとに心から慈しみをかける。それが言葉じゃない、行いになって出てくる、しぐさになって出てくる。この人に会うと、なんとなくにっこり笑いたくなる。あのお母さまがそばへいらっしゃると、ふわーんとあったかい空気が流れる。そして、お母さまが小学校一年のときから学校へ行かなくなったというのは、登校拒否じゃなくて、またその話がおもしろい。なぜいかないか。それを誰にも言わないで、ぼそっと道子さんに話す」

このことについては『蝉和郎』という本で石牟礼さんが書いている。

「「あんね…瘡《かさ》の出来とる男の子がおってねえ、行きも帰りも一本橋の所に待っとりよったもん。鞄もってやるちゅうて。それば断りきれんもんで…。親にも先生にも、それいやじゃと言わずに、とうとう学校行かんじゃったよ」よっぽど言いにくいことに触れてしまったというように、深い吐息をつき、しばらく打ちしおれていた。…その訳を八十年間誰にも語れず、ことに「瘡の出来とる子」という言葉を口にした時、はっとうなだれて、声は消え入らんばかりだった。口に出すのが、よっぽどはばかられたのであろう。」

対談では、この後「息づきかわす」というキーワードが出てきて、この「息づきかわす」ことのできる人を鶴見さんは「真人間」と言う。私が長い引用したのは、このお母さんこそ真人間と思うからだし、その人に育てられた石牟礼さんも又、真人間である。彼女が常日頃、物言わぬ海や川や山としているように、『苦海浄土』では、患者さんと息づきかわしたからこそ真迫する水俣病の姿を描き出せたのである。

そしてお母さんはといえば、瘡の子のことがあって学校に行かなかったので文字が読めない。そんな大きな代償を払ったのであるが、そのことよりも瘡の子にした自分の仕打ちの恥ずかしさに、80年間胸にしまい、死ぬ前に娘に打ち明けたのである。言葉に出せばひとことで済むことを隠し続けたこの壮大なる不自由さ、不器用さの中に光輝を放つ誠実と犯し難い威厳の存在を見る思いがする。この間、相手は知らないがお母さんはずっとこの瘡の子と息づきかわしていたのである。そういう真人間の息づきかわす所作というのは何げない仕草にまで高められ、鶴見さんを感動させる。

　鶴見和子という人は、育ちがよく、性格がよく、言葉を自由にできる秀才なので、問題はあまり逡巡するとこなく彼女の前を通過する。飲み込みが早いので、全身の感性を使わなくても、便利な頭で処理してしまい勝ちだ。こういう澱みなく流れる人は、石牟礼さんのお母さんみたいな人にはとてもかなわないのだ。

　しかし鶴見さんも晩年脳出血で倒れ、やっと水俣の人と息づきが通えるようになったという。真人間に少し近づいたという訳だ。彼女はまた真人間のことを魂のもっている人といういい方をしているが、「真人間」という日本語をきいた時、それをイメージできる生活習慣、文化を取り戻せたらと思う。鶴見さんも石牟礼さんも、父や母から「真人間になりなさいよ」と言われて育ったということだが、そういう日頃何げなく口にする民衆の生活倫理というのはとても大切で、大人になっても心の底に残っているものだと思う。

　私自身についていえば、久し振りに「真人間」というコトバに接して、大いに感ずる所があり、こういう美しい日本語を広めたいなあと思ったのである。ディスカバージャパンではないが、縁側で居眠りする田舎のおばあさんの中でひっそり身をひそめている、珠玉のコトバや文化はまだまだあるはずである。

「真人間」を世に出し大道を歩いてもらいたい。そのためにはまず私自身の中に「真人間」を育てるのが先決と、只今修行中でありります。私は66歳の手習いですが、みなさんも仲間になりませんか。

幕末の志士たち

幕末の志士たち

農閑期というのは私にとって読書の季節なのだが、今年は主に幕末に活躍した志士達の伝記やら小説やらを読んだ。渡辺京二氏の『逝きし世の面影』や、杉浦日向子氏の一連の江戸物、あるいは越川禮子氏の『江戸しぐさ』などによって、庶民の暮しについては多少知っていたが、憂国の志士については歴史の教科書に毛の生えた程度の知識しかなかった。

今度読んでみてまず驚いたのは、揃いも揃って何てまあすぐ腹を切りたがる連中だろうということである。まるでかっこ良く腹を切る機会を常にうかがっているみたいなのだ。「武士道とは死ぬことと見つけたり」というが、まさにその文言通り。現代人から見れば、「人間の生命をそんなに気安く扱っていいの?」と言いたくもなる。

とはいうものの常に死ぬ覚悟が出来ているというのは、事を成す上でこれ程の強味はなく、緊迫した場面の多い幕末には、「死」に躊躇するようでは、とても使いものにならなかったと思われる。

この当時流れていた時間はもの凄く凝縮したものである。刻一刻の比重が桁《けた》違いに重い。その中身の濃い時間が目まぐるしく展開していくので、一瞬の油断も許されない。1年、2年で浦島太郎になってしまう時代だった。それまでの鎖国時代のゆるやかな時間の流れの中で、少しずつ集積していった矛盾が、ペリーの黒船来航を機に、一気に噴出、暴発する。その圧倒的エネルギーに翻弄されながらも、自らを見失わず、時代の舵取りに参加しようとすれば、「いつ死んでもいい」という覚悟が、最低の条件であるかもしれない。

志士達のことを切腹マニアみたいないい方をしたが、西郷、勝、大久保、龍馬、高杉、松陰と並べてみて、切腹は一人もいない。西郷は流弾に当たり介錯。勝は天寿。大久保、龍馬は暗殺、高杉は病没、松陰は斬首。こう見てくると「命というのは私を超え、公のためにあるのだ」ということの象徴、それが切腹であるように思える。

この時期、列強に色々ちょっかいを出されながら、植民地にもされず、よく独立を保てたものだと感心する。イギリスのアヘン戦争のやり口などを見ていると誠にえげつない。特にヨーロッパ諸国が数百年に渡って、アジア、アフリカから収奪し、富を本国に持ち帰った事実をやった方は特に忘れてはなるまい。ヨーロッパの社会資本があれ程充実しているのは、そのことと大いに関係があるということをイギリス、フランス等は特に胆に銘ずべきだ。

さて日本が開国させられて、大洋に出ていくことになるが、この海には鮫がウヨウヨ。丸腰同然でよくパクッとやられなかったものだ。

理由は色々あるだろうが、まずは当時の日本人はそれ程馬鹿ではなかったということだ。いくらかドタバタ劇はあったものの現政府の幼弱性に比ぶれば、はるかに見識をもっていた。年は若いが人間として皆大人であった。精神的な骨格は丈夫で、外国人と対峙《たいじ》しても一歩もひけをとらなかった。

高杉晋作

例えば高杉晋作などはなかなかの千両役者で、その交渉術も痛快極まりない。長州藩がイギリス、フランス、ロシア、アメリカの4カ国連合艦隊に攻められ、あわや馬関（下関）が火の海という時に、攻撃を止めさせるべく交渉に臨む。

小船で乗りつけた高杉の格好がまた人を食ったものであった。立鳥帽子に陣羽織、手には采配、毛靴をはいた大時代的な出で立ちで、尻尾をたれた負け犬というのでは全くなく、一丁敵をからかってやれという程の余裕があった。

敵将のクーパーに対し、謝罪もしないし降参したとも言わない。膠着状態が続き埒《らち》が明かないので、敵は実質を取るべく賠償問題を持ち出してきた。高杉はそれを待っていたかの如く相手の案を呑み、攘夷せよという幕命で戦ったのであるから賠償金は幕府にもらってくれとつっぱねた。

2度目の交渉は事情があって高杉は出ず、3度目の交渉に再び出ていく。この会談でクーパーは彦島の租借を要求してくる。高杉は「そらきたぞ」と思った。前々年上海に行きイギリスのやり口をつぶさに見ているので、対策は考えてある。租借地を根拠地にしてその国を属領ないし植民地にしていくのがイギリスの常套手段であった（紳士などというのは往々にしてこういう背景をもっているものである。まあ蛇足だと思うが）。

彦島は藩のものでも、幕府のものでも、朝廷のものでもない、「しからば」という問に対し、長々と神話から説き起こし、最後は天照《あまてらす》大神のものだ等と言って、相手を煙に巻いてしまう。高杉は知恵者だったので、相手を確信犯的に自国の文化の中にひきずりこんだのであった。奇妙な格好といい、異文化性を強調し、相手の優越性をうまく利用し、後進性を装うことによって、まんまと裏をかいたのである。高杉は、提督のクーパーや外交官のパークスより一枚も二枚もうわ手であった。

最終的には、相手が要求する賠償金は、長州藩に代わって幕府が払い、彦島租借の件はそのまま立ち消えになった。こうしてこの奇策は大成功を収めたのであるが、それを可能ならしめたのは、死を怖れぬ高杉の胆力である。もし失敗したら甲板で切腹して、臓物をつかみ出して敵に投げつけるつもりだったらしい。

西郷隆盛

日本を日本たらしめた人物として、たまたま高杉晋作をあげたが、順序から言うとまず西郷隆盛ということになる。勝海舟にしても坂本龍馬にしても高杉晋作にしても極めて人間臭い所があるが、西郷は天がそのまま人間に顕現したような人である。勝は『氷川清話』の中で西郷の人となりを愛をこめて語っている。

西郷と勝の談判が薩摩屋敷で行われた時のこと。勝が待っている所へ、西郷は忠僕を従え、引っ切り下駄で庭の方から現れた。

「「これは実に遅刻しまして失礼」と挨拶しながら座敷に通った。そのようすは、少しも一大事を前に控えたものとは思われなかった。

さていよいよ談判になると、西郷はおれのいうことを一々信用してくれ、その間一点の疑念もはさまなかった。

「いろいろむつかしい議論もありましょうが、私が一身にかけてお引き受けします」

西郷のこの一言で江戸百万の生霊とその生命と財産とを保つことができ、また徳川氏もその滅亡を免れたのだ。もしこれが他人であったら、いやあなたのいうことは自家撞着だとか、言行不一致だとか、たくさんの凶徒があのとおり処々に屯集しているのに、恭順の実はどこにあるとか、いろいろうるさく責めたてるに違いない。万一そうなると、談判はたちまち破裂だ。しかし西郷はそんなやぼはいわない。その大局を達観して、しかも果断に富んでいたには、おれも感心した。

この時、おれが殊に感心したのは、西郷がおれに対して、幕府の重臣たるだけの敬礼を失わず、談判のときにも、始終坐を正して手を膝の上にのせ、少しも戦勝の威光でもって敗軍の将を軽べつするというようなふうがみえなかったことだ。その胆量の大きいことは、いわゆる天空海闊で、見識ぶるということは、もとより少しもなかった」

江戸城明け渡しの時のエピソードも西郷らしい。官軍の全権委員の一人が緊迫した空気に呑み込まれてしまい、片一方の足の草履をはきながら玄関をかけずり昇ったという狼狽ぶり。一方我が西郷は悠然として少しも平生と異ならず、式が始まると、疲労がたまっていたのか、居眠りを始めたそうだ。式が終ってもまだフラリフラリやっている。傍らの大久保一翁が「西郷さん西郷さん、最早式がすみまして、皆さんお帰りでござる」とゆり起したそうな。

こういう大胆さというのは何処から来ているかというと、それは天を信じる心からである。西郷は常に人の目より天の目を意識した。我が身を全て天にあずけることのできる人であった。「敬天愛人」は西郷そのものである。「天はあらゆる人を同一に愛する。ゆえに我々も自分を愛するように人を愛さなければならない」。

西郷は高杉のようなこれみよがしの豪傑タイプではなく、女性的なやさしさも兼ねそなえた人であった。熱烈な勤皇主義者である友人の僧月照が安政の大獄で幕府に追われるが、守り切れないことが分った西郷は、手に手をとって鹿児島湾に身を投じる。西郷はまもなく息を吹き返すのだが、月照は死ぬ。

これをどう評価するか。新しい国造りを志し、その柱となるべき男が、友情の証として命を捨てる。これを情にもろい西郷の欠点ととる人が多いが、私は七面倒臭い武士道などという男の論理から自由であったと評価したい。

西南の役に城山で果てる時にも、あくまで官軍の弾に当たることを望んだ。そして腰を打たれ、いよいよ最期の時。西郷は自ら刀を執って切腹することはせず、ただ介錯の一刀を待ったのである。

こういう西郷気質の同じ線上にあることとして、ヒゲを生やさなかったということがある。明治の元勲とか陸軍大将とかいうとついヒゲで威厳をつけてみたくなるが、そういうことを嫌った人であった。ヒゲの西郷などというのは存在し得ないのである。

天の理をこの地上において、地上の肉体を持ちながら、これ程見事に実践し得た人が果していたであろうか。幕末から明治にかけての激動期、諸説乱れ飛び、刻々変転する情勢の中でキラ星の如く輩出する人物図鑑。その中でも西郷という天に通じた大黒柱があったればこそ、列強の餌食《えじき》にならず何とか一丸となってあの難局を乗り切れたのである。西郷がすぐれた政治家だったという訳ではない。政治家としては大久保利通の方が優秀だ。西郷は政治家ではなく、西郷という人間そのものが政治なのだ。

大久保は真の政治家だ。ハッタリもかますし、非情にもなる。死の覚悟はできているが武士道に拘泥《こうでい》しない。意識して政治的な行動をとれる人で、冷静沈着、常に公の座標軸の中で粘り強く生きようとした。ある意味では最も大人であり、最も頼りになる政治家であった。

吉田松陰

天地の理を少し前のめりになるぐらいに説き実行した人に吉田松陰がいる。「体は私なり、心は公なり。私をこきつかい公に殉ずる者を大人《たいじん》といい、公をこきつかい私に殉ずる者を小人という。小人が死ねばその肉体が腐爛潰敗《ふらんかいはい》するだけのことだが、大人は死すとも天地の理の中で生きている」(『坐獄目録』)と言い、私の上に公をおいて、公の面を開発、育成していくのが松陰の教育の真骨頂であった。

松陰はまず生徒の心を闢《ひら》くため、その生徒の私(個性、性癖)に合わせて対応した。人というのは天の作り給うた芸術品である、それらは皆かけがえのない一つであることを大切にした。しかしその一つひとつが本当の一つになるためには、各々の一つを超えて公に至らなければならない。公を通過させなければ私は生きないのである。

松陰の学問は実践の学問でありながら、実利的なものでなく、小我を捨て、天地の理法を世に現すためのものであった。松陰は人々に岐路に立つ日本の現状を知らせ、心ある人々に目を開いてもらうため、自ら火に飛び込むような形で刑場の露と消える。この捨身とも言える死によって、まさに松陰の教育は志士達の中で生き、短い一生であったが、その影響は広く深く続くのである。

その他、勝海舟、坂本龍馬、横井小楠、佐久間象山、山岡鉄舟など、まだ語らねばならない人達は沢山いるが、今回はこれぐらいにして、最後に天皇と戦後民主主義について少し触れておきたい。

天皇と戦後民主主義

黒船騒ぎに端を発し、開港、明治維新へと続くが、この混乱期にあってこの小さな国が列強の侵略を許さず、その植民地化を免れたのは、先程みた如く、倫理道徳のしっかりした精神的骨太人間が沢山いたからだ。身内びいきでなくても、精神文化においては、けっして西洋にひけをとらなかった訳で彼らにつけ入るスキを与えなかった。勿論敵のことも研究していて、乏しい資料の中から世界情勢を読みとっていたのである。

しかしそれだけではまだ弱い。小異を捨てて大同につく。その場合その帰一するものが必要であった。それが天皇である。明治維新への流れの中で一貫してあったのは尊皇である。他の意見はちがっても、尊皇、勤皇と言えば誰も反対しなかった。あの危急存亡の時、鮫ドモに対し強力なバリヤーになったのは天皇制というものであったのかもしれないと、今回の読書を通して改めて思った。占領統治にマッカーサーが天皇を利用したのも周知の事実である。

この様に天皇及び天皇制というのは、この国にとって避けて通れない大きな問題である。私は戦後民主主義教育を受けた人間なので、若い時分、天皇のことなんて全く眼中になかった。１９６０

年代、東京の東中野の粗末な建物で、左翼作家の中野重治が天皇制について語るのをきいた。この誠実で真面目な作家は相当根の深い問題として捉えていたが、私達若者の頭の中は毛沢東やらマルクスやらが巣食っていて、天皇は「あっ、そう」のおじさんぐらいにしか思っていなかった。「中野さんは考え過ぎだよ」などと批評を述べ合っていた。

丁度同じ頃三島由紀夫が「英霊の声」で、英霊に「などてすめろぎは人となりたまいし」と語らせているのを時代錯誤だと思ったし、また彼が割腹自殺した時も、それは三島の美学の問題で、彼の構築した観念に殉じたものだと考え、切り棄てていた。

しかし幕末の歴史をひもといてみて、今はっきりと、事は簡単ではないぞと思う。中野重治の心配は杞憂《きゆう》ではなかったし、三島由紀夫も時代錯誤ではなかった。良くも悪くも天皇制はこの国の細胞一つひとつに浸透し、脈々と生き続けている。

私が天皇の問題を軽く考えていたのは、戦後教育のせいである。私が小学校に入学したのは1951年、この年、サンフランシスコ講和条約が成り、日本は独立した。その頃の田舎の小学校にはまだ古い残滓《ざんし》が残っていて、年寄りの教師から戦前の臭いのする歴史教育を受けたことがある。開けっ広げの民主主義的風潮の中で、それは子供がきいても、硬直しカビの生えた歴史観に思えた。先生はモウロクしているんだと思った。

高校、大学へと進むにつれ、反体制的な左翼思想を持つことが進歩的であり、知的人間の必須条件であるかのような価値体系の中に放りこまれる。マルクスやレーニンや毛沢東は学生の必読書であったけれど、吉田松陰や西郷隆盛や佐藤一斎など誰も読む人はおらず、たまたま自分の本棚にでも並んでいれば、余程変り者に思われたかもしれない。

戦後民主主義教育とは何であったか、今ここで詳しく論ずることはできないが、それは教科書の墨塗りから始った。GHQは国家主義教育の一掃を図り、日本の非軍事と民主化を進めるため、修身、日本史、地理の授業停止を命じた。教育勅語は占領政策に天皇制を利用しようとするGHQの思惑もあって棚上げされたが、これも国会で失効決議となる。

戦前の全体主義教育への反省と反発から、倫理や道徳といった人間にとって最も大切なものが否定された。日本的なるものが全て戦争につながったとされ、そこから最も遠くにいるとされる左翼の思想家がもてはやされ、オピニオンリーダーとなった。

教師も聖職から一介の労働者に自らその階段を下り、「私」の部分を強めることによって滅私奉公の戦前を否定したつもりでいた。西郷、松陰とは真逆のやり方である。

民主主義や自由主義というのは、どうもそういう性癖があるような気がする。民主主義や自由主義というのは横の関係である。神の存在、西洋ならばキリスト教である。神という縦の心棒があって、はじめて民主主義は稼動するのだ。

ところが日本は民主主義と交換に「天」という心棒を蹴とばしてしまった。私が生まれた河内の英雄、楠正成の愛したコトバに「非理法権天」があるが、これは非より理、理より法、法より権、権より天が勝つという意味である。欧米が理の国なら、我が国は天の国である。しかしながら戦前の如く、天皇を天とするのではなく、天皇はあくまで天と地を結ぶ神子《みこ》として位置づけたいと私は思う。天皇の問題は日本にとって、とても重要な問題なので、これからもじっくり考えていきたい。

私達の世代にとっては、カラーで見られる日本の歴史は戦後からしかなく、戦前の歴史はセピア色に封印されている。勿論、これは当局がしているのではなく、戦後民主主義教育によって、勝手に私達がそう思い込んできたのだ。過去は全て戦争につながったものとして全否定され、繙《ひもと》く価値のないものと思い込まされてきたのである。

最初にも書いたが、渡辺京二さんの『逝きし世の面影』で、幕末、明治の日本や日本人の素晴しさに目を開かされ、今回維新に参加した志士達と出会い、その血を受け継ぐ者として、明るい可能性を信じている。

戦後65年、もうそろそろ占領軍の呪縛から解かれ、自分の視点で自分の国の歴史を見直す時期に来ているのじゃないか。とは言っても、従来の歴史観を自虐史観と言って攻撃する派には組みしませんがね。

ＴＰＰと私家版食管制度

山形の友人菅野芳秀君に誘われて、はるばる熊野から、東京でのＴＰＰ反対集会に参加した。会場に着くと会議はもう始っていて、受付を済ませてドアを開けると、人でいっぱい、立錐の余地もない。通路でさえ埋っている。人混みが苦手な私は怖気づいて、あわててドアを閉め、しばらく部屋の外で待機していた。中野剛志という若い学者がしゃべっているが、全くきこえない。

そのうち入り口付近の人が何人か退出したので、かろうじてもぐり込む。講演は既に終わり、出席者の3分間スピーチが始っていた。いずれも講演させたいような達者な人達で、その人達の話をきいているうちに、ＴＰＰというのは農業問題だけではないんだということが解ってくる。集会で買った100円のパンフレットの中身をそのまま書き写すと、

〝ＴＰＰというのは環太平洋経済連携協定のことで、もともとはシンガポール、ニュージーランド、チリ、ブルネイの四カ国が集って二〇〇六年に発効した地域的な自由貿易協定(ＦＴＡ)でした。貿易が経済の大きな部分を占める小さな国々が集って、自由化の関係をつくるため出発したものです。

その特徴は、例外を認めず徹底した自由貿易や投資を進めるという点にあります。その内容は二十四の分野にわたっており、農産物や工業製品などのモノの貿易については段階的（十年以内）に関税を撤廃、さらに投資、金融、労働者の移動、知的所有権など広範な分野で規制緩和、民営化を進めようというものです。また医療や教育、福祉、上下水道など従来行政が担ってきた分野にも外国企業が参入できるようになります。

内容が過激であるにもかかわらずＴＰＰが注目されなかったのは、関係国が小国であり、影響力が小さいとみられていたからなのですが、二〇〇九年十一月にシンガポールで開催されたＡＰＥＣ（アジア太平洋経済協力）首脳会議で、オバマ大統領がＴＰＰに参加を表明したことから急速に注目を集め、オーストラリア、ペルー、ベトナム、マレーシアも参加を表明、二〇一一年二月現在、九カ国で交渉が行われています。〟

以上ＴＰＰの簡単な説明だが、この協定は単なる関税の撤廃、モノの自由化だけでなく、箸の上

げ下ろしまで干渉が及んでくる可能性がある。特にアメリカ流のやり方をアノ手この手で押しつけられ、属国への総仕上げとなる危険性がある。テレビ等で報じられる巷《ちまた》の情報は一部分でしかなく、その全貌についてもっと正しい情報を早急に伝えなければならない。ここでそれについて言及する紙面も暇もないので、読者諸氏は各自学習して下さい。末尾に参考文献をあげておきます。

私もこの集会に出るまでは、農業対貿易利益の問題と思っており、政府も国民もこれまで通り利益をとるだろう、まあ勝目はないな、農村は壊滅し、そのうち都市も地獄に落ちる、またそこからやり直しなんだとサジを投げ、これはもう新人類を育てるしかないんだと思い定めていた。

しかしTPPの内容を知ってみると、目先の利益だけ考えても本当の利益になるかどうか怪しい。また雇用、医療、金融など多岐にわたるものであるので、都会の人にとってもうっかり認めてしまうと我が身が火だるまということもあり得る。それ故、正しい情報が行き渡り、冷静な判断が為されたら「平成の開国」だとか「バスに乗り遅れるな」などという議論が、いかに茶番で軽率なものであるかが解るはずだ。

このTPPを一つの契機にして、この国のあり方を少し考えてみたいが、私は百姓なのでやはり農業や食料を話題にしたい。TPPに加盟すると、現在40パーセントの自給率が14パーセント（農林省試算）になるといわれる。40パーセントさえ異常なのに、10パーセント台などということになると、とても一人前の独立国などと呼べない。人口2、3000万の小国家ならまだしも、1億3000万近くの人口となると、安全性からばかりでなく道義的に見ても世界に丸投げというのは余りに無責任すぎる。

私は米の自由化問題の時も、都会の人に向って何度も言ったが、これは農家と非農家が敵味方に分かれて対立する問題ではなく、究極は生産者よりむしろ消費者の問題なのですよということである。

それはどういうことかというと、既にかなりの自由化によって外国から安い農産物が入ってきている。農家はとても対抗しきれない。その結果、農家は農業をやめ自給率がどんどん下がり、1960年頃80パーセントあった自給率が40パーセントになった。そしてTPP加盟の暁には農水省の試算ならずとも40から14パーセントの間になるのは確実だ。

こういう状態で天変地異や戦争等で食糧危機が来たらどうするのだろう。自分で生産手段をもたない人は万事休すである。都会の人は大変なことになる。一方農家にとっては売手市場の時期の到来である。だが農家の思うようにはいかない。情況が深刻になれば国は食糧統制を敷くにきまっている。戦中、戦後がそうだった。農家は来年のための種子と自分の家族が食べる飯米を除いて米はベラボウに安い価格で強制的に買いあげられるのである。

その食糧統制する法律が食糧管理法（食管法）と呼ばれるもので、戦時中の1942年に制定された。

「食糧の確保及び経済の安定をはかるため、政府が食糧の管理・需給・価格・流通の規制を行う」という法律で、消費者保護のためのものである。農家が政府に差し出す米は供出米と呼ばれたが、それはもう文字通り農家の血と汗の結晶で、一粒でも収量を増やそうと努力を惜しまなかった。

その当時の臨場感を伝えるために供出制度のしくみを紹介したい。まず都道府県単位で、その年の各地の作柄に応じて割当が決められる。それが市町村単位に降り、更に各集落単位に割り振りされる。集落の代表会議では、常に徹夜の攻防が続けられた。稲の出来栄えを見るのを検見というが、自分の集落の検見の平均収量を低く設定した方が有利なのである。例えば、検見の結果、私の集落は反当りの収量予想を2石3斗と決められたが、私は精農家なので3石穫ったとすると、7斗は供出しなくていいのである。逆に2石しか穫れなかったら、飯米をけずって供出せねばならなかった。

食管法には供出する価格について「生産者及物価其ノ他ノ経済事情ヲ参酌シ米穀ノ再生産ヲ確保スルコトヲ旨トシテ」（第三条）と書かれているが、全くの嘘っパチ。供出価格はタダ同然。農家はヤミ米を捻出せねば食えなかった。だからこそ一粒でも多く穫ろうとしたのだ。

この様に食糧というものは大切なもので、危機ともなれば生産者の横っ面を張ってでも確保しなければならない。それであるが故に平常時は生産者を保護しなければならないのだ。つまり非常時は自由価格より遙かに安い値段で消費者に分け与え、平常時には再生産可能な額で生産者から買い上げるというのが子供でも解る筋論だ。

食糧難の時代が去り、待ち望んだ当たり前の時代が到来し、1955年には供出制度が廃止される。その頃から高度経済成長が始まり、急速に世の中は豊かになっていく。それとともに食生活が多様化し、米の消費が減っていく。その一方で農業技術が進歩し、反収が上がり生産量が増えてくる。

先ほど書いたように食管制度というのは消費者を守るためのものだが、それを維持していくためには生産者に再生産価格を保証しなければならない。つまり政府は生産者から高く買って、消費者には安く売るのである。これが逆ざやと呼ばれ、年ごとに赤字がふくらんでいく。75年にはついに

8000億円、喉元を過ぎて熱さを忘れた消費者からの圧力もあり、米はどんどん自由化の方に傾斜し、食管法は有名無実なものになる。それと連動して米の価格は益々下がり、農村から後継者がいなくなり、ついに総合自給率40パーセント、穀物自給率28パーセントのお粗末。農（脳）を失った無農（無能）国になってしまった。

忘れた頃にやってくるのが自然災害だが、食糧危機は必ず来る。それなのに食管法という保険を目先の欲と浅知恵で蹴とばしてしまったからには、個人保険をかけねばならない。誰か信頼に足る百姓（知らなければ私が紹介してあげる）と契約を結び、少し割高になるが再生産可能な額で毎年米を買う。そのかわりまさかの時が来た時でも、適正価格で売ってもらう。割高分が保険料ということになる。いわば私家版食管制度である。

ここに単なるビジネスを超えた助け合いの精神がある。農村と都市をつなぐ情がある。都会生まれ都会育ちの人が増え、農村と都市の関係が益々希薄になるなか、こういうパイプがどんどん増えることによって、両者の絆は強くなり、互いが互いを我が事として考えられるようになるだろう。「農村と都市の連帯」といってみた所で、そこに流れる生命は感じられないが、米を通して交わったAさんの住むムラや農業、Bさんの住むマチや生活となると、血が通い具体性を帯びてくる。

店頭に並んだ米は顔のない米で、一切のわずらわしさがなく手軽に手に入る。これを便利なしくみとして人々は選択してきたのだが、そのかわり店頭から消えれば、それでオシマイ。便利さは危うさや味気なさと同居している。

TPPはこういう従来の路線をより徹底させようとするものだ。しかし私達はそれとは全く逆の流れを作りたい。モノそのものより人間を大切にしたい。そのことによってモノのもつ豊かさも引き出されてくる。情の通い合う私家版食管制度、都会のみなさん是非保険に入ってほしい。

◆**参考文献**

『TPP反対の大義』農文協

『TPPが日本を壊す』廣宮孝信　扶桑社新書

雑誌『表現者』ジョルダン株式会社

東北関東大震災に想う

自然の猛威とはこれ程凄まじいものか。度々津波に襲われたことのある地域なので、防災にぬかりはなかっただろうが、今回のは桁がちがっていた。人間は経験値からはなかなか外に出ない。備えるといっても限度がある。まして千年に一度の大津波であってみれば、ただもう立ちすくむばかりである。

連日テレビに釘付けになっているが、とても他所の出来事とは思えない。日本中の人が皆、自分の問題として受けとめているのではなかろうか。遠く離れた地であるが、亡くなられた方に黙禱を捧げつつ、被災者の受け入れを考えている。

ニッポンよ
起てニッポンよ
ニッポンよ
かぼちゃの如く
逞しく

これ程多数の人の犠牲を無駄にしないために、残された私達は何をすべきなのか。自分の生活の何パーセントか何割かは、被災地の人のために使わねばと思っている。菅直人首相も言うようにこれは戦後最大の国難である。民主党も自民党も痴話げんかをしている場合ではない。当面は挙国一致内閣も辞さないという態度で対処すべきだ。菅も枝野幸男も蓮舫《れんほう》も、作業着姿の方が似合っている。目の前に巨大な課題が現れ出たことによって、自民党との膠着《こうちゃく》した日常は脇に置かれ、陰うつな顔つきから、外向的でエネルギッシュな顔つきに変ってきた。どんなに困難なことであっても、国民の視線が同じ方向を向いて支えるなら豚のような政治家であっても木に登るのである。別に日本の政治家が豚というのではない。これはあくまで譬《たと》え話、念のため。

今回の巨大地震は東北沖のプレートに溜まった物理エネルギーが、ある閾値《いきち》を超えた結果、放出されたということらしい。この同じ現象を別の観点で見ると、第二次世界大戦後溜まった負（業《ごう》）のエネルギーがやはり閾値を超え、爆発したとも言えるのだが（以下のことも含めて、「怪しいな」と思われる方は神様オタクのたわ言として無視して下さい）、それなら「何故日本が」となるが、それは日本が日の本（霊《ひ》の本）の国であり、大和（大調和）の国だからである。地球人類の霊、即ちスピリットを高め大調和に向って進むために、想像を絶する困難に耐え、その隘路《あいろ》を切り開くのは日（霊）の本の民をおいてないということなのだ。現にこの大地震に際しての日本人の冷静な態度や秩序ある行動に対し、海外のアチコチから称賛の声が寄せられている。これから続く日本再生の過程で、これまでの日本に対する悪いイメージは払拭されるばかりでなく、尊敬のまなざしを向けられるようになる。

戦後65年、拝金主義と物欲主義によって、すっかり塵芥《じんかい》に埋もれ休眠状態に陥っていた私達日本人の本性が、この未曾有の大惨事によって一気に目覚める。『逝きし世の面影』（渡辺京二著）で語られる日本人が甦る。陽気で明るくユーモアがあり天真爛漫《てんしんらんまん》。人にやさしく親切で思いやりがあり寛大、秩序正しく道徳的で礼儀正しい、それに科学精神と近代性がプラスされた日本人が登場する。

それからもう一つ大きな問題があるが、他でもない原発である。この大事故により、原発の危険性が衆目の前で証明された。いかに危うい砂上に、我々の現代生活が乗っかっているかということである。

少なくとも日本では原発推進は不可能になり、それに代るエネルギーが準備できないまま、電力需給の見直しが迫られる。それに伴い、ライフスタイルも転換せざるを得なくなる。東日本から西日本に避難してくる人が増え、土地や物資不足によって、これまでのエネルギー消費型の生活が許されなくなるはずである。

「復旧はいつになるだろう」という人がいるが、復旧はもうしない。こんな例がある。松下電器がトヨタからカーステレオか何かの注文を受け、応じたところ、コストを5パーセント圧縮してくれと言われ、苦労して何とか期待に応えた。ところが今度は20パーセントと言われ、関係者一同頭をかかえていた。そこへ御大の幸之助氏が入ってきて、部下からその窮状をきき、「そんなのは簡単だ。これまでの大枠を取りはずし一からやり直せばいい」。その通りにしたら20パーセントの方もクリアできたという話。

つまり今度の大地震はその20パーセントに当る。復旧ではなく一度バラして、一から組み立て直さねばならないのである。原発事故がそれを象徴している。これまでやってきたやり方の延長線上には、希望の未来に通じる青写真はない。

この窮状を通して人々が経験することは、人と人の絆の大切さであり、愛の尊さである。精神や魂ということが大きく見直され、物質的豊さよりも、もっと質の高い本質的な豊さを今より積極的に求めるようになるだろう。

そして又、社会もそれを容認し、バックアップするようになるだろう。

地震のもたらした被害は余りにも大きく、犠牲になった方々のことを想うと、一行の文を書くこともはばかられるが、そうであればこそ明日のために書かねばならない。

否も応もなく骰《さい》は投げられてしまった。直接被災しなかったとしても、日本人全てがこの地震に遭ったのであり、被害の事実を吾が事として多数の人が受けとめていると思う。

出会いの里では既に避難民の受け入れ準備をしているし、本宮《ほんぐう》町、そして熊野全体でも呼びかけを始めている。とにかく当面は窮状にある人のために、金や物や人力を出来るだけ出し、可能な限りこの巨大地震を日常の中にとりこんでいこうと思っている。

2011年秋

水と電気と通信

雨は8月31日から降っていたが9月2日に停電し、この日はいったん回復した。しかし3日は台風が四国に上陸し、昼から停電し、それから9日まで電気のない生活が続いた。夜はローソクと懐中電灯。懐中電灯は手の握力を使って発電するものを使った。ローソクの灯で本を読み、二宮金次郎の気分を味わった。子供の頃はよく停電し、何処の家にもランプがあったが、こんなに長い停電は初めてだ。小学生の私は遅くとも8時には寝床に入っていたが、テレビのない夜はその頃を思い出させる。冷蔵庫の中のものが全て駄目になり、畑の野菜は全滅した。しかし、米と卵はふんだんにあるし、玉ネギ、ジャガイモ、里芋、カボチャがあるので、食うに困ることはなかった。

行政局に行ってみると、カップラーメンやら即席カレーやらの救援物資が沢山置いてあるので、それ等を少しばかりもらってきたが、1、2回食べれば飽きてしまう。しかしそんなことを言っておられるのも出会いの里が高台にあったからで、床上まで浸水した所は、とりあえずは即席ものでも有難いにちがいない。

私は行政局にはもっぱら新聞をもらいに行く。全国紙は全て揃っているので、テレビ、インターネットの情報がない分、新聞で知ることになる。電話も1週間ほど不通であったが、とにかく自分達がどういう状況にあるのか、どういう報道がされているのかサッパリ分からなかった。

電気に勝るとも劣らず困ったのが水である。水害に遭うと水不足になる二重の水難だ。9月4日、台風の雨が止み、おそるおそる高台から下に降りてみると、村に通じる道路は厚い泥の層で覆《おお》われている。見た感じ車はとても通れそうにないが、轍《わだち》の跡がある。思い切って踏み込んでみる。水分が多いのが幸いして、何とかタイヤがころがる。200メートル程の間だが、車のボディはドロドロ、ナンバープレートの数字も見えない。フロントガラスもサイドミラーも点々と泥のハネ。まさに魔の関所である。どんなことがあっても1日1回はそこを通らねばならない。出会いの里の住人と鶏用の水を確保するためである。軽トラに500リットルのタンクを積んで走る。幸いここは山なので、何カ所か谷水の汲める所がある。手回しよく早速、樋のかけてある所もある。「大変」を共有しているので順番を待っている人の表情は明るい。水道が出なくても、電気がなくても、都会ほどには困らない。水は山に十分ストックされているのでペットボトルに入った商品としての水に頼らなくてもいいし、電気釜がなくても薪で飯が炊ける。燃料は山に腐る程ある。米は今年の分は稲刈り前で泥を被《かぶ》ったが、古米は納屋に1年分保管してある。普段通りという訳にいかないが、不便を耐え忍べば、命に別状なく生活できる。今回の災害で最も難儀したのが泥の道路。行政局に3回通って、3度目にやっとブルドーザーがやって来た。それまでスコップで何度か試してみたが、爪ようじで象の背中をかいているようで、身の非力さを知らされた。少し乾くと更に性《たち》が悪くなって、後から誰かに押してもらわないと、車は泥の中でただ喘ぐばかり。被災体験を通して、私達の生活がいかに電気や車に組み込まれているか改めて思い知らされた。電話が復旧したのは、電気、水の1日前で8日だった。普段電話は余り好きな方でなく、携帯電話も持たないし、食事の時等、まず出る気にならないが、6日間も信号音が聞こえないと、さすがに少し淋しい気がした。電話が通じるようになり、友人、子供達が心配してかけてくれるのはやはり嬉しい。「何かしてやれることはないか」とか「送って欲しいものはないか」と言われると、愛想でも心暖かくなる。人間というのは、やはり情を交わす生き物なんだなと思う。実際、される側になってみて、ちょっとした声かけが大切なんだと知らされた。

大人しい熊野人も今度ばかりは怒り心頭である

熊野の人たちはだいたいが穏やかで大人しい。でも今回は怒っている。天を恨むことはないが、人災に対しては黙って泣き寝入りする訳にはいかない。ここに『毎日新聞』の9月14日の一面の記事がある。その記事をここに写し取ってみる。

国が設置した有識者会議「熊野川懇親会」などの資料によると、洪水の危険が高まった際、電源開発は池原ダム（有効貯水量約2億2000万トン）と、2番目に大きい奈良県十津川村の風屋ダム（同8900万トン）の大型2ダムの水を放流して空き容量を確保、上流から来た水をためることが可能、としているが、事前の取り決めなどはない。

電源開発などによると、今回の豪雨の際、両ダムは洪水に備えた事前放流をせず、水位を維持するために放流量を徐々に増やした。最下流にある小森（三重県熊野市）、二津野（奈良県十津川村）の２ダムも事前放流はほとんどせず、毎秒１５００トン以上の本格的な放流を開始したのは、それぞれ１日午後４時半と２日午前11時50分だった。二津野ダムではその後、順次放流量が増え、４日午前４時には毎秒約８９００トンに達した。

この間、紀伊半島南部では８月30日午後から台風12号に伴う雨が降り始め、和歌山県新宮市と那智勝浦町では９月１日午後１時50分には大雨注意報が出され、２日午前４時15分に大雨・洪水警報が出されている。さらに２日午後９時には二津野ダムから約18キロ下流にある新宮市熊野川町日足地区で熊野川があふれた。

一方、古座川水系にある和歌山県所有の多目的ダム「七川ダム」（古座川町）では、１日午前10時から事前放流を始め、結果的に古座川では洪水が起きなかった。今回の氾濫に関し和歌山県新宮市議会は「ダム放流は人災」などとして同社に説明を求めている。

事前放流は発電を伴わず、予測に反して降水量が増えなかった場合、いったん低下した水位を回復するまで発電に影響する可能性がある。

電源開発広報室は「運用上、洪水調整をする規定はなく、洪水調整を目的とした放流はしていない」としたうえで「ダムの水位を維持するための放流はしたが、（水の流入が多く）結果

ダム周辺地図

紀ノ川
西吉野町
奈良県
高野山
猿谷ダム
大塔町
大台ケ原
大台ケ原山
大峰山脈
十津川
尾鷲市
伯母子山
風谷ダム
護摩壇山
池原ダム
七色ダム
小森ダム
二津野ダム
熊野市
本宮町
新宮川
和歌山県
大塔川
熊野川
田辺市
大塔山
法師山
新宮市
那智勝浦町
熊野灘
東牟婁郡
西牟婁郡
七川ダム
古座川
串本町

的に水位は上がっている」と説明している【藤顕一郎、日野行介】

この『毎日新聞』の記事でまず最初に訂正しておかねばならないのは、古座川《こざがわ》流域でも洪水による大変な被害が出ているということである。9月11日の『熊野新聞』によると、世帯数1636戸中、床上浸水511戸、床下浸水95戸、計606戸が浸水被害に遭い、橋の落ちた地区もある。

私の家は熊野川に沿って走っている国道168号線の対岸の高台にあり、家の方に濁流が流れこむことはなかったが、刻々と増え続ける水量を見ながら、ただ祈ることしかなかった。河川敷の田や畑は比較的早い時期に水没してしまっていたが、168号線沿いの本宮《ほんぐう》のメインストリートがどうなっているのか気がかりであった。私の家の2階の窓から見て、堤防が見えなくなったのは4日の朝でなかったかと思う。本宮の町なかの人にきくと、道路に水があふれ出したのは3日の午後2時頃だったという。この頃ダムの放流はどうなっていたか知らないが、私の手元には次ページの表のような情報がある。

本宮から10キロ程下流の旧熊野川町は、熊野川流域でも最も水害の多い危険地帯である。まず、宮井《みやい》という所で十津川《とつがわ》と北山川《きたやまがわ》という二つの本流が合流し、しばらく行くと支流の赤木川が合流する。

この辺りは山間地では珍しく、平野部のような農地が開けているが、おそらく合流する川の氾濫によって出来た平地だろう。この不利な条件の土地で専業農家として何十年も暮しをたててきたKさんのことは前の通信にも書いたが、この人の家は農地よりはもちろん道路よりも相当高い位置に

日　付	時　刻	ダ　ム	放流量	計
9／3	22：00	二津野	6,946	
	23：00	二津野	7,612	
9／4	1：30	二津野	8,085	15,169
		小森	7,612	
	2：00	二津野	8,386	16,145
		小森	7,759	
	3：00	二津野	8,820	17,199
		小森	8,379	
	4：00	二津野	8.897	18,259
		小森	9,362	

注：単位はトン

ある。まさかそんな所まで水が来るとは誰も予測していなかった。

その日、「Kさんの家なら水の心配はなかろう」ということで、近所のおばあさんを預かっていたそうだ。念のためにということで2階に居たらしいのだが、4日の午前2時頃から急に水位が上がり出したそうだ。この頃、十津川の二津野《ふたつの》ダムと北山川の小森ダムで放流された毎秒1万5000トン前後の放流水が、熊野川の水位を一気に上げたのである。Kさんも70歳を過ぎている。応援の人を頼み、おばあさんを背負ってもらって屋根づたいに逃げ、九死に一生を得たのだが、こんなドラマは熊野川沿いで、あちこちあったにちがいない。

この頃本宮では、大社前の通りの店々ばかりでなく、本宮大社の宿坊瑞宝殿《ずいほうでん》にも2階まで浸水していたし、世界遺産センターも浮き上がる程の水攻めに遭っていた。電気の消えた暗闇の中で、渦巻く濁流は次から次へとあらゆるものを呑み込んでいった。

今回の台風は上北山村で1808ミリ、同じ上北山村の大台ケ原で2439ミリという想像を絶する雨をもたらしたが、ここ本宮でも1000ミリを超えた。本格的な雨は31日からであるが、1日の時点では、天気予報と照らし合わせ「これはヤバイ」と誰もが感じていたにちがいない。

私達住民の願いとしては、この時点で以降の雨に備えて、ダムを空にして欲しかった。洪水になるたびに電力会社と話し合いがもたれるが、会社側は洪水調整の義務はないと突っぱねてきたそうだ。今回も和歌山、三重、奈良3県14市町村で組織する熊野川流域対策連合会と新宮市議会は12日ダムを管理する電源開発に対し、次のような抗議をした。

「今回の台風において想定外の降雨量であったとはいえ、家屋が水没し、逃げ場を失い、救助を求める住民に対し、熊野川を氾濫《はんらん》に至らしめる信じがたいダム放流を幾度も実施した行為は人災とさえ言えるもので、まことに遺憾であり許しがたいものである」

これに対し、電源開発は新宮市役所で説明会を開いた。

「ダムの水位が低いうちに放流しておくことはできなかったのか」という質問に対し「法律の範囲内で精一杯のことはやった」。「豪雨が予想される場合はいったんダムを空にするなどの対策はとれないか」という訴えに対し、「現状ではダムを空にするのは法律上難しい。今後議論が出てくると思う」。また「熊野川のダムは利水ダムで治水目的でないことは分っているが、川から利益をあげている以上、社会的責任があるのでは」という追及に対し、「当然そのように考えている。利水ダムが治水することは法律上認められていないが、可能な限り対応している」と答えている。

これによると電力会社は洪水調節の義務がないどころか、洪水調節すると、法律に抵触するみたいなことを言っているが、もしそうであるなら、どう考えても法律の方がまちがっている。確かに発電というのは公共性の強い事業であり、発電量が減るというのは単なる一企業を超えた問題かもしれないし、また私企業としての利益補償の問題もある。

だからといって、ほぼ予測できた今回の長雨に対し、法律を盾にとって事前放流せず、洪水の可能性を少しでも減らすことに拒否の姿勢をとった電力会社の倫理的責任は免れ得ないと私は思うし、電力会社に対し適切な指導をしない国の責任も問わねばならない。下流域の住民を犠牲にしてでも電力生産を確保するというような横暴がまかり通ってきたのは、これ等のダムが出来たのが、昭和30年代といったこととも関係する。まさに国家をあげて高度成長路線を走り出した頃で、公害問題に象徴されるように、人の命より産業の方が優先という時代に作られたのである。電力会社はその頃の価値観、感覚をもったままなのだ。これは何処かの国の党と実によく似ている。高速列車事故で、列車を埋めて世界中の笑いものになったが、党の幹部は大真面目なのだ。これだけインターネットが普及しＧＮＰも世界第２位。都会は資本主義国と変わらないのに、未だに都合の悪いことは隠蔽《いんぺい》できると思っているトンチンカン。

一党独裁の党は、人民服時代の感覚なのだ。時代に置いてきぼりを食ったその時代錯誤は、電力会社にもそのまま当てはまる。原発事故であぶり出されてきた電力会社の体質は、原発だけでなく水力でも同じだということである。ここ本宮町は観光の町であるに関わらず、朝の５時から空襲警報よろしく、電力会社のサイレンが鳴る。それもこれからダムの放流を始めますというのなら、増水の危険もあって少しは分かるが、放流が終わりましたという時も、けたたましい音で起されるのだ。これではまるで電力会社の植民地ではないか、殿様のお通りに土下座させられているような気分になる。しかし田舎の人間は人がいいので、「またか」と思いながら我慢してきたのである。だが今度の水害を通して、自分達の命は自分達で守るという決意をもって、電力会社に対し、主張すべきことはあくまで主張していかねばと思う。

ダムの問題はこれで措くとして、『読売新聞』によると被害状況が判明している和歌山・奈良両県の死者・行方不明者62人のうち8割に当る47人が避難指示・避難勧告の出なかった地域に集中しているという。災害対策基本法で避難指示・避難勧告は市町村長に任せることになっているが、専門家はそれには無理があると指摘している。市町村側には専門知識が欠けているということもあるだろうが、それればかりでなく「住民の負担を考えると軽々しく出せない」ということもあるのだ。これなどは関係が近過ぎてなかなか命令を下す訳にはいかないということだろう。

それともう一つ合併の問題もあると思う。旧町村から市役所が遠すぎる。本宮町は田辺市に編入されたが、市役所まで60キロもある。そのために行政局があると言いたい所だが、行政局長は只のポスト、役職であり、その役にあるのが誰なのか殆どの人は知らない。選挙で選ばれた町長、村長とは全くちがうのである。合併した旧町、旧村にはリーダーがいなくなり、情報の集中と発信ができなかったというのも災害を大きくした一因になっていると思う。

更にもう一つ加えると、限界集落、過疎化の問題もある。まだ台風初期のテレビが映る頃、避難指示、避難勧告を見ていて、12世帯、12人というのがあった。集落全員年寄りの一人暮らしということだ。亡くなった方も高齢者が多い。奥地で不便な所ほど高齢者しかいないが、何か独創的なアイディアで、そんな所にこそ若者がいっぱいという風にしたいものだ。

紀伊半島はもともと岩盤の脆い所らしいが、田辺市の伏菟野《ふどの》地区で起きた土砂災害は、表土層だけでなく深層の風化した岩盤が崩れ落ちる深層崩壊といわれるものである。山の荒廃で表土が崩壊しやすくなっている所へ、この深層崩壊が加われば更に被害は大きくなる。気象環境が相当変ってきているので、これまでとはちがう別な視点に立って災害対策を考えねばならない時代になってきているのかもしれない。

今回の大水害は本宮大社が流された明治22年以来の規模だと言われ、未だにその爪痕《つめあと》は周囲の至る所に残っているし、道路がズタズタで再開していないホテル、旅館も多く、観光客の姿もさっぱり見かけることがない。

この甦りの地と呼ばれ、魂の原郷と言われる熊野が何故これ程壊滅的な打撃を受けなければならなかったのだろう。私などは毎朝欠かさず、熊野川に向い世界の平和と熊野川の天命が全うされるよう祈り続けているのにと思うが、熊野という土地柄、この地域の本格的な浄化が必要だったのかもしれない。他を甦らせる天命をもったものは自ら甦らねばならない。熊野三山いずれも被害に遭ったのも頷《うなず》ける。出会いの里の作物も田も畑も一瞬のうちに泥の底に沈んでしまった。手足の如く働いてくれた耕転機も横倒しになり泥に埋まっている。稲架《はざ》掛けの資材も殆ど流されてしまった。

大津波に遭った気仙沼の15歳の少年が卒業式の答辞で、「天を恨まず運命に耐え、助け合って生きていくことが、これからの私たちの使命です」と涙ながらに語り、世間の感動と共感の涙を誘ったが、私達もまさに天を恨まず、天の声に耳を傾けて、人類の生き方を謙虚に反省する勇気をもたねばならないと思う。未だに澄むことのない熊野川の濁水をながめ、人類の業の深さを思ってみたりするのである。

その一方で水害を免れた地域の稲穂をながめると、「おお、何と美しい」と息をのむ。その黄金色が泣けと如くに私の目を洗う。長年百姓をしてきて秋の実りが、これ程美しいと思ったことはない。天が与えてくれるものは皆美しい。

田と畑の被害

「今年はまあまあの出来やな」と話していた。台風が近づいているというので皆、稲刈りを急いでいた。たいていコンバインなので、刈り取りと脱穀が同時にできる。しかし私の所はコンバインがないので、バインダーで稲刈りをし、それを稲架に掛けて天日で干し、ハーベスターで脱穀する。従って雨の前にそんなに急いで稲刈りしても、干す段階で雨に濡れたら何もならないので、台風騒ぎが終ってからと思っていた。それがまさかあんなに長く居座られるとは。報道の方も、のんきなもので、相当接近してから少し詳しく伝えるようになったが、天気予報の時、ついでにするぐらいで、気象庁ももう少し長雨の可能性に対して、早い時期から注意を喚起してほしかった。7月の台風の時も田も畑も水に浸かったが、今度のは桁はずれでその比ではない。高山地区の８町歩の河川敷の水田全て泥の底に沈んでしまった。農道に沿った電線に色んなゴミがひっかかり、倒れた電柱も沢山ある。我が家の使い慣れた耕耘機も横倒しになり半分泥に埋っている。泥海に沈んだ田畑は、人力ではいかんともし難い。何しろ大量の泥で田と畔《あぜ》が同じ高さになっているのである。稲は茎が半分埋っているものの穂はまだ生きている。しかし、片足を運ぶのもままならない泥田の中をはいずり回って稲刈りする程食い物に困った人もいないし、逆にこんな状況の中で稲刈りする程酔狂な人はいない。野菜の方は完全に全滅。水と泥で窒息死させられ全て枯れてしまった。ナス、キュウリ、ニガウリ、オクラ、ピーマン、シシトウ、モロヘイヤ、ゴボウ、ネギ類、ニラ、大豆、そして発芽のそろったばかりのニンジン、大根。もうすぐ収穫の５０００株のサツマイモも泥の中で腐ってしまった。２５００株の里芋は生き残っているが、とても掘れる状態ではない。何もかも泥が覆い荒涼たる風景。乾き切らずに銀色に光っている。この光景は春に石巻で見たのとそっくり。熊野にはあれ程広大な農地はないが。所々に根のついた杉の丸太がころがっている。地面から引っこ抜かれてあちらこちら流れている中に、枝がそがれ皮がめくれたのか、まるで磨き丸太のように、そのツルツルの肌を陽に晒《さら》している。

所々に建っていた農小屋という農小屋は濁流に押し流され、全て消えてしまっている。この惨状を見れば、個人のレベルで農地を復元することは不可能であることは誰が見ても分かる。私は40年近く専業農家でやってきたが、こんな経験は空前絶後である。水害には何度か遭ったが、作付けした作物が駄目になるぐらいで、今回の様に農地そのものが機能しなくなるというのは思ってみたこともない。百姓が農地を失うというのは、手足をもがれるようなもので、寂茫とした泥の中に立って明日への通路を見出し得ないでいる。「百姓の来年」ということについては、何度か述べたことがあるが、目の前の現実がどれほど厳しくとも、種をまき、植える場所さえあれば、頭の中の来年はたわわに実る豊饒《ほうじょう》の大地なのだ。しかし自らを奮いたたせる空想は羽を奪われ泥の中に閉じこめられる。手塩にかけた作物を一瞬のうちに失ったことは残念であるが、私にはそのことの方がもっとこたえる。

このままでは秋冬野菜だけでなく、来年の春野菜の見込みもたたない。そこで急遽鶏小屋のわずかばかりの空地の草を刈って、トラクターをかけ、自給畑にした。ここは10年余り前に山を開墾した土地で殆んど有機物はないが、出会いの里の鶏フンをうまく利用すれば育たないことはないだろう。ここは私の腕の見せ所だ。

終　章

第三の人生
——2011年初秋——
私の神経症体験

危機一髪

1980年から今日に至るまで、人生における出来事は色々あったが、神経症を中心に考えるなら2004年まで、特筆すべきようなことはなかった。

2004年6月、私は熊野本宮《ほんぐう》にいた。1997年、故郷の藤井寺を離れ、単身すさみ町の佐本《さもと》という年寄りばかりの過疎のムラに移住する。そこで百姓をしながらムラ興しに奔走するが、失敗して2000年に本宮に再び居を移す。この間離婚。現在の妻佐代と再婚する。

その日はまだ夏至だというのに、台風が吹き荒れていた。夕方になって治まり、かたづけでもしようかと外に出たとたん、胸が息苦しくなって、どんどんエスカレートしていく。その兆しは相当以前からあったのだが、一度も検査を受けたことがなかった。それは明らかに死に直結する痛みだった。「救急車！」と思うが、騒ぎが大きくなるのが嫌だ。佐代は畑に台風の後かたづけに行ったのか見当たらない。居候のY君に運転を頼み、新宮《しんぐう》の医療センターへ。激痛に非常な圧迫感も加わる。「これは病院までもつかどうか五分五分だな」と感じていた。耐えること以外ないので耐えているが、選択が許されるなら一分も耐えられない苦痛である。死が眼前にありながら身体の苦痛が激し過ぎて死の恐怖を感じる余裕がない。そのくせ意識ははっきりしていて、「これは罰なんだ」と思っている。「何の罪に対してか知らないが、この罰を受けなければ右にも左にも行けないいんだ」。

病院はもう閉まっていたが救急口へ。私はドアを開けるなり、バタッと倒れ、胸を押えて「ウウッ」とうめき「死にそうだ」と言った。看護婦はかがみこんで、平然と目の前に紙とペンをつき出し「ここに名前と住所を書いて下さい」。

再　発

手術が終ったのが11時。病名は心筋梗塞。発作が起ってから6時間経っていた。2週間入院して無事退院した。

そしてその年の10月。私は再び心臓の手術を受けることになった。6月の手術は冠動脈の細くなった血管を広げ、ステントという針金の筒でしぼまないようにしたものだった。私の場合、冠動脈の太い血管のうち2本がつまっていて、治療したのは1本だけで、もう1本は細くなり過ぎて手がつけられなかったのである。

そこで友人の紹介で東京の専門の病院で再手術を受けることにしたのだが、結果はやはり血管がつまり過ぎて不可。バイパス手術しかないという。ステントなら足のつけ根の大腿動脈という太い血管から入れられるが、バイパス手術となるとそうはいかない。肋骨を切り胸を開かなければならないので本格的な外科手術となる。

「この際」というので手術を受ける決心をするが、雨の中で農作業したのがたたったのか熊野からひどい咳をもちこんでいて検査したら肺炎。まずその治療に2週間。それが癒え手術の日程も決まるが、最終検査でまた新たな胸の曇りが見つかる。

その間、新宮とちがい、東京の狭くて猥雑《わいざつ》な環境におかれ神経が休まらない。その上、心臓と肺を同時に冒されているのだから何だか息苦しく、心理をだんだんコントロールできなくなる。そして「ドカーン」。30年振りまさかの噴火。神経症の再発。この神経症は絶対の権力者。お通りになる時には心筋梗塞すら土下座する。

私はこの心理状態ではとても手術に耐えられないと思い、手術断念の思いに傾くが、神経症の怖ろしさを知らない医者は手術を勧め、説得される。しかし胸の曇りの原因が分からず待機していたが、最後の検査で胃底から結核菌が見つかり、土壇場で全て御破算。

笑える心境ではなかったが「結核」と告げられ笑ってしまった。心筋梗塞に肺炎、神経症の再発に、いかにも取って付けたような結核のおまけまで。これはもう何らかの見えない意図が働いているとしか言いようがなかった。

神経症が再発した時、昔とちがい自力脱出は無理だと思った。あれ程のバトルを繰り広げるだけの体力も気力も残っていない。「今度は他力だ」。

これは後で思ったことだが、あの時結核菌が出現してくれなかったら、私は無理な手術をして死んでいたかもしれない。肺炎になること自体、免疫力低下の信号なのだから、あの時は心身共に最悪のコンディションであったのだ。

人生葦舟の如
神の間に間に
漂わん

私はほぼ1カ月入院して、何の成果もないまま行く時よりはるかに有難くない荷物をかかえて熊野に帰ってきた。丁度里芋の出荷の時期で、一日中倉庫に籠って出荷の仕分けをした。光明の全く射さない八方塞がりの中で、ひたすら里芋のヒゲを取り土を落した。ただもう一刻一秒の時間を埋めるために仕事をしていた。その一方で我が家の裏山にある聖地七越の峰に上って、死の直前まで断食してみようか等と考えたりもしていた。

この時私は60歳であったが、ずうっと以前から「60歳になったら何か起こるのではないか」と思っていた。29歳で神経症になり、30歳で克服し、農業という天職に出会い、自分で羨む程幸せな日々を送ってきた。そしてそのことに常に感謝し続けてきた。

しかし一丁前の百姓になり、いよいよ脂が乗ってきた頃から、何かしら不足感あるいは飢餓感を覚えるようになった。「一体なんだろう」と考えても分からない。でも、でも「何…か…が…足りない…」。

いつまで経ってもその不足感が埋められず、いつの頃からか「きっともう一度何かが起こるんだ」と思うようになった。それが60というのは、30で生まれ変わり、30年して60でもう一度生まれ変わるという期待で、誠に自分勝手な都合のいいシナリオであった。

しかし既に私は60歳になり、事件は筋書き通りに進んでいたのだったが、当人の私はそのことに全く気づいていなかった。それは何故かというと、人間には欲目というものがあり、私は無意識のうちに美女との遭遇を予想していたらしいのだが、相手は鬼の姿をして現れたからである。

神　託

熊野で希望のない日を送っていた11月のある日、知り合いのKさんから電話。八尾の甲田光雄先生の所で断食中という。甲田先生というのは西式健康法を核にした断食療法や少食療法で、広く名の知れた人である。西洋医学では手に負えない難病の人を主に受け入れ、多くの実績をあげていた。私は農業と医療と教育は生命を媒体にして有機的にリンクしなければならないという考えをもっていたが、甲田先生は医者の立場からその考えに共鳴し、何かと応援して下さっていた。同志であり、師匠でもあった。

Kさんが「どうしてる。元気ですか」というので、私はぶっきらぼうに「元気どころか、死にかけています」と答えた。相手はびっくりして、甲田先生に即御注進。数分して再び電話があり、「八尾に来るように」とおっしゃってるということであった。

正直、神経症や心筋梗塞が運動療法や食事療法で治るとは思わなかったが、さりとてここにいても、虚しく時が過ぎてゆくばかりだった。「いっそ甲田先生に身も心もあずけてみようか」、最初は乗る気でなかったがだんだんその気になり翌々日、八尾に向けて出発と相成る。

甲田医院に着くや、早速診察。心臓も結核も神経症も、みんなまとめて任せておけと。今飲んでいる色とりどりの薬を出すと、みんな棄てなさいと言われる。心臓は毛管運動をしっかりすれば、自然のバイパスが出来て、手術しなくて済むという。心臓の薬を今離したら、ひょっとして死ぬかもしれないと危ぶむが、「任せてみよう」という気の方が強かった。この時も「他力」につながる実践が幕を開けていたのだが、やはりそのことに気づいていなかった。ただ無性に宗教のことが知りたく、甲田先生にねだって宗教の講義をしてもらった。しかしその時の私には全く物足りなくて、もっと根本的なことを知りたいと強い渇望感が残った。

治療は2日目から始まり、裸体操（裸になって毛布を被ったりはずしたりして、皮膚呼吸を活発にし、皮膚から老廃物を外に出し、いい空気を取り入れる）と毛管運動（寝ころんで手足を上げブルブル振るわせて、血液循環をよくする）を主に一日中、西式の体操をした。食事は1日青汁1杯、玄米80グラム、豆腐1丁。それを2回に分けて食べた。常識を超えた超少食であるが、それすら全部食べられない程、神経症で私の心は疲弊していた。

1週間程した朝の診察の時間、甲田先生から重大な話をきかされる。「実はな、夕べあんたのためにお祈りしたんや。あんたがどうなるのか、わしの守護神さんにきいたんや。神がおっしゃるには、あんたの魂はとても綺麗《きれい》で神格の高い神様がついておられるいうことや。いずれその神様の声をきいて、そのことをみんなにお伝えするお役目を授かるはずや」。

私はその話を素直にきき、神様と甲田先生に感謝した。心の中がふんわりと温かくなり、尖《とが》った景色が丸くなった気がした。新たな人生への産みの苦しみなら、それは納得のいくことであった。私は解放感でつい悪のりして「それにしても、もう少しで楽にならないものでしょうか」と言うと、「神はその人の器に応じて苦しみを与える。耐えられない苦しみは与えない」と答えられた。

五井先生

それから暫くして、私のリクエストに応じ、甲田先生の奥さんが五井昌久先生の著書やテープをドサッと持ってきて下さった。五井先生というのは世界平和の祈り（世界人類が平和でありますように）の提唱者である。御夫婦とも、五井先生の信奉者で、甲田医院の本棚にはその著書が何冊もあった。20年近くもそこに出入りしながら私はついぞ手にとろうとすらしなかった。宗教にも宗教者にも全く興味がなかった。甲田先生の抹香臭ささえ敬遠しがちであった。

しかし今はえらい変わりようで五井先生の本を片っ端から読み、テープを貪《むさぼ》り聴いた。まさにそれまでの渇きや飢えを満たすように、五井先生のコトバは次々と私の心の腑に落ちていった。「人間とは何か。生命とは。魂とは。霊とは。神とは」疑問に思っていたことが、全く抵抗なく氷解していく。私は自分の知性を信じているが、知性だけでは絶対真理に行き着くことはできない。真理は目に見える世界と目に見えない世界両方にまたがっているので、その両者の深い溝を飛び越えられるのは知性ではなく、魂の飛翔力である。

私はぎりぎりまで知性の乗り物にのって、後は五井先生に手をひかれ、その溝を案外気楽に飛び越えてしまったのである。

1カ月程入院した暮れも押し迫った退院の前日、甲田先生が部屋に来られ「えらい元気になったなあ。顔なんて来た時と全然ちがう。それだけ元気になったら、気がどんどん出てきてモヤモヤを追い出してしまうやろ」。

退院してからも経過は順調だった。しかしある日大悟して、神経症が消えてしまったのではない。祈りの生活を続ける中、2カ月、3カ月していつの間にか霧が晴れていったのだ。

私の神経症体験もそろそろ終りに近づいてきた。私の一生において神経症体験は大きな比重を占めるが、それは結局のところ、神と出会うために用意されたものであった。私が長い間感じてきた不足感は神の不在からくるものだったのだ。

私は神経症を通して、二度奈落の底へ突き落された。一度目は森田療法によって自力ではい上った。これは血の涙が何度も流れるという大変な死闘で、苦しかったからこそ乗り切れたのである。

他力

森田療法のキーワードは「あるがまま」である。「あるがまま」というのは一見他力的であるが、森田先生の「あるがまま」を実行しようとしたら、半端じゃない自力の力が要る。その上「あるがまま」が理解できるのは、ある程度治癒してからである。森田先生は好んで禅のコトバを引用されたが、禅そのものは自力の世界だ。

死について先生は「死は怖い。それが当たり前だ。どうにもならないものに抵抗したって始らぬ。あるがままに怖がればいい」と言い、死に際に「怖い、怖い」と言って亡くなられた。弟子たちの前で「人間はこんなもんだよ。それでいいんだよ」と実演されたのである。しかし「死が怖い」というのは、やはり不自由だ。それは自力の世界に留まっているからである。

自力と他力のちがいをちょっと乱暴に言うと、自力は神は要らないが、他力は神がいなければ成り立たない。他力というのは神に身を預けることだからである。神を宇宙と呼びかえてもいいが、自らが宇宙と同調すれば、いついかなる時も安泰である。宇宙は全てであり、根源であり、大調和であるからだ。他力とは神の揺籠で生かされることである。

10歳余りで死の恐怖にとりつかれ、ここまで長い旅路であったが、甲田先生のお陰で五井先生に行きつき、神と出会い、他力の門をくぐらせてもらった。私に与えられた方程式は、これでほぼ解けた感じがするのである。後は遥かに続く神の道（真理の道）を歩くだけである。

三生を生きる

甲田医院を退院して何カ月か経った頃、甲田先生は訪れた私の目の所に手をかざして「入ってる、入ってる。神の光が入ってるでぇ」と言われた。「わしはなあ、あんたがこの事に気づいてくれるのをずうっと待ってたんやで」と言って、いかにも嬉しそうに相好を崩された。それは自分が一番伝えたかったことをしっかりキャッチした自分の理解者に対する連帯の笑みでもあった。

「この事」の意味は、私にはすぐ解った。ひと事で言うと、絶対的な真理ということである。具体的に言うと、こういうことだ。

人間は大霊である神から分かれた分霊で、資質としては神と同じものである。そして人間はみなその同じ資質でできているのである。人間には肉体にまつわる業《ごう》があるので、業という塵芥《じんかい》で霊の光を遮っているが、空《くう》になりそれが抜け落ちれば、神と一体になるのである。人間の本質は霊であり、永遠不滅のものである。肉体はこの三次元世界で生きるための乗り物にすぎない。死とはこの世から霊界に引っ越しすることで、生命が終わることではない。霊と魂はどうちがうかといえば、霊は本質であり、魂は現象である。つまり霊に業の乗っかったものが魂である。その時その時の霊の姿を魂という。そう私は理解している。

肉体がなくなってから行く世界は色々あるが、魂は各々個有の震動数の波動があり、その波動と同調する世界に行くのである。霊性が高い程、震動数が高いとされる。

金や権力といったものはこの世というローカル世界だけで通用するもので、いかなる世界でも通用するパスポートは、愛とか調和といったものである。

こういうことが世の中の常識になれば、意味のない争いはなくなる。平和運動同士が対立したり、宗教同士が喧嘩するというようなことは回避される。というより宗教そのものがなくなる。今述べたことが、科学に包摂《ほうせつ》され、一般常識になるであろうから。

私はこれまで社会変革的なことや世直し的なことを口にし、また行動したりしてきたが、そんな私を見て人間の本質や生命の実相を踏まえたものでなければならないと、甲田先生は思っておられたのであろう。

還暦になって、私の第三の人生がスタートした。「一粒で二度甘い」という何処かのコピーがあったが、私の場合は「一生で三生」という極めて効率のいい人生に恵まれた。それもこれも神経症が私を鍛え上げてくれたからで、これ程豊かでダイナミックな人生をプレゼントされたことに、感謝し切れない程感謝している。

あとがき

熊野に来た時はまだ中年だったが、今は老人会に入れる年齢になった。すさみの山中に3年、本宮に来て12年目。通信「くまの」として、年3回、日常の農作業に障りがない程度に文を書いてきたが、今回、それらをまとめてはる書房から出版してもらえることになった。

そのきっかけは、今は熊野に住んでいて、以前は東京で出版社におられたという知人が、はる書房に話をつないでくれたことでした。

最初この本は9月に出版される予定でしたが、台風12号の水害で1カ月ほど遅れました。私自身被害を受けたこともあり、周りの人や編集者から「現場の報告も今度の本に入れたら」という勧めもあり、その稿は半分ローソクの下で書きました。そんな過程を経てやっとお手元に届けられることになりました。

出版の機会を作って下さった人の縁、編集の実務をして下さったはる書房の佐久間章仁さん、その他関係者の皆様ありがとうございます。

著者略歴

麻野吉男（あさの・よしお）

1944年、大阪藤井寺生まれ。東京大学文学部卒。

30歳より農業に従事、現在に至る。

1990年、宮本重吾氏等と、百姓の百姓による百姓のための本、『百姓天国』（地球百姓ネットワーク編集・発行）創刊に関わる（本は13集まで刊行）。

2000年、本宮町に移住。ここを終いのすみかとする。

著書に『ギンヤンマが翔ぶ日』（財団法人富民協会、1990年）『現代日本文化論〈5〉ライフスタイル』（共著、岩波書店、1998年）がある。

＊

連絡先：〒647-1705　和歌山県田辺市本宮町高山1289
TEL. 0735-42-0724

熊野の百姓地球を耕す

二〇一一年十一月二五日　初版第一刷発行
二〇一二年二月二五日　初版第二刷発行

著　者　麻野吉男
発行所　株式会社はる書房
〒一〇一-〇〇五一　東京都千代田区神田神保町一-四四駿河台ビル
電話・〇三-三二九三-八五四九　FAX・〇三-三二九三-八五五八
http://www.harushobo.jp/
装　幀　三橋彩子
組　版　有限会社シナプス
印刷・製本　中央精版印刷

ISBN 978-4-89984-125-8 C 0095